iOS App 開發實務

讓您成為 iOS App
設計開發達人的必備基礎書

序言
PREFACE

打從以 Objective C 程式語言開始撰寫 iOS App 開始，繼而使用 Swift 程式語言，我的感覺是 Apple 公司無不替開發者著想，以親和力相當高的界面和強大的軟體架構來開發 iOS App，因此，有相當多的開發者也紛紛的加入開發的行列，期望有好的作品置放於 Apple store，有朝一日成為大富翁。

本書基於能夠讓有志開發 iOS App 的讀者，能夠在短時間撰寫自已的 iOS App，因此本書可以說是筆者另一拙著:「學會 Swift 4 的 21 堂課」之續集，當您有了 Swift 的基本知識後，進而探討如何撰寫有關 iOS App 的相關元件，然後整合一些元件加以實作屬於自已的 iOS App。

本書共分二部份，第一部份是 iOS App 相關元件的實作。此部分主要在探討建立 iOS App 會用及的相關 UI，再以此為基礎加以整合應用，這將在 Part II 加以討論之。第二部份是 iOS App 實作。此部分包含兩個章節，分別是實作提醒事項 App 和天氣 App，將第一部分所論及的一些 UI 元件做整合，期許讀者對製作 iOS 的 App 有一初步的概念和認識。

努力學習加上毅力，相信成功就離你不遠，親愛的讀者們讓我們一起共勉，明天一定會更好。

蔡明志

mjtsai168@gmail.com

目錄

CONTENTS

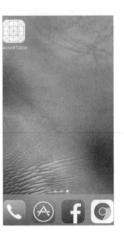

第 2 部分　iOS App 實作

第 **1** 部分

iOS App 相關元件如何製作

此部分主要在探討建立 iOS App 會用及的相關 UI，再以此為基礎加以整合應用，這將在 Part II 加以討論之。就讓我們從 Xcode 介面介紹開啟這一奇幻的旅程。

Xcode 介面介紹

1.1 認識 Xcode

Xcode 是在 Mac 電腦下開發應用程式的主要工具，就如同 Microsoft 的 Visual Studio。

Xcode 可以幫助您快速開發一個 iOS 的應用程式。而且 iPhone 跟 iPad 也都可以使用 Xcode Xcode 版來開發。早期的版本，程式碼是在 Xcode 編輯，介面建置則需透過 Interface Builder 編輯，現在最新的版本 Xcode 中，已經將 Interface Builder 整合到 Xcode 內，因此開發上會更方便許多。

您可以在根目錄下的 Developer/Applications 找到 Xcode.app，將它拖曳至 mac 底下的 Dock 列，並將其固定在 Dock 列上，以方便之後開啟 Xcode。

當您一開啟 Xcode，會出現以下的畫面。

如上圖，如果您之前已經有開啟過的專案，在上圖的右方會出現您之前開過的專案歷史紀錄，這可幫助您快速開啟你之前的專案，如果你要建立新專案，可以點選左方的"Create a new Xcode project"來建立一個新的專案。

左方選擇 iOS 內的 Application，右方會出現多種專案的 template。

1.2　樣版介紹

Master-Detail Application

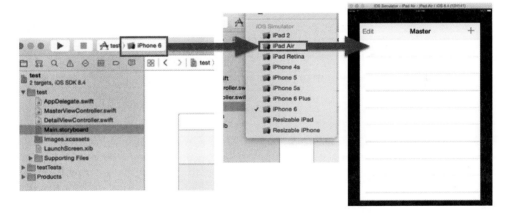

提供 master-detail application，使用者可以用 navigation controller 控制資料呈現的方式。呈現的資料方式如下圖，其中可選擇在不同裝置上呈現。

OpenGL Game

OpenGL Game 此樣版提供大量的遊戲開發所需的函式庫，OpenGL ES 主要是針對嵌入式系統環境，如手機、PDA；目前很多精美的 2D、3D 遊戲幾乎都是使用 OpenGL ES，而最新的版本是 OpenGL ES 2.0，在此不詳細贅述 OpenGL，有興趣的讀者可參考相關書籍。

Page-Based Application

提供了 page based controller，使用者可以利用 page view 來呈現，使用者可以製作一個可以像翻書一樣的動作，在畫面左右滑動，翻到下一頁，或是往回上一頁的動作，而翻轉的過程中，會呈現有如真實翻動書本的動畫。

Single View Application

提供了一個 view controller，使用者可以管理 view 的呈現內容，這個 view 就有如一張空白紙，讓您能夠在上面設計按鈕的擺設位置、圖片的呈現大小、文字…等，這些都可以透過 storyboard 視覺化管理 view 的呈現內容。

Tabbed Application

提供了一個 tab bar controller，使用者可以控制 tab bar item 管理每個 view 呈現的內容。Tab bar 固定在螢幕的下方，每個 bar 代表不同的項目，使用者可以快速的切換 bar 瀏覽不同的資料，最常見的例子是 App Store，下方的 Tab bar 有 Featured、Category、Top25、Search、Updates，此外 Tab bar 也可以結合 Navigation 來呈現資料。

Empty Application

此專案樣版只提供一個 window 的元件，可支援 Core Data，在新增專案時，可以看到"Use Core Data"這個選項；Core Data 有許多好用的 API，資料的存取可以使用 Core Data，當有很多資料要讓使用者新增、修改、刪除時，都可以利用 Core Data 存取，類似將資料存在 SQL Server。

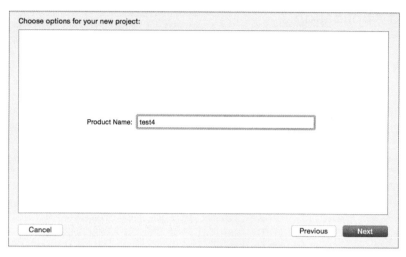

接著建立簡單的範例，以 Single View Application 建立我們第一個專案，請輸入專案名稱(Product Name)為 myFirstTest，Organization Identifier 與 Organization Name 都是自行定義，Device 選擇 iPhone，接著按下 Next。

接著選擇專案的儲存的位置，此先將專案範例儲存在桌面，最後按下 Create，如下圖。

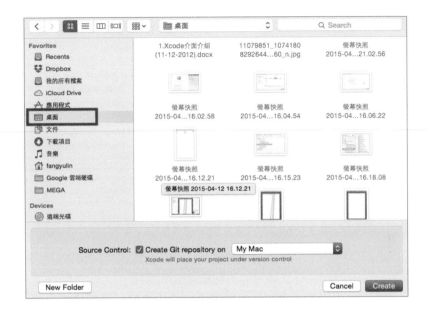

1.3 專案導覽

完成專案的建立，會出現如下圖的畫面，在 Xcode 的編輯畫面中主要可以分為下列幾個主要的區域，

左方為 navigation area，可以瀏覽目前專案中的檔案，中間為 editor area，主要是編輯程式碼以及 UI 介面，右方為 utility area，分別可以設定 UI 元件、controller、IBAction、IBOutlet 等細部的設定。

當專案建立完成時，可以在左方的 navigation area 看到已經幫您建立好了一些檔案說明如下：在 myFirstTest 資料夾下包含了所有的 Swift 檔，以及應用程式介面設計的.storyboard 檔。

名稱	說明
Supporting File (支援檔案)	包含了主程式(main)及應用程式的標頭檔、圖片和其他應用程式需要的檔案資料。
Products	這裡是放您最後完成的專案檔案的地方，檔名為.app 結尾，檔案的名稱也會跟您的.app 檔名相同。

您可以看到您目前專案類的檔案架構，在檔案架構的上方，可以看到一排工具列有幾個圖案的按鈕，由左而又分別為 Project、Symbol、Search、Issue、Test、Debug、Breakpoint、Log。

圖示	名稱	說明
	專案導覽 (Project navigator)	預設的畫面，是瀏覽您目前專案文件的檔案。
	符號導覽 (Symbol navigator)	可以由這個視窗看到您目前專案的類別的繼承關係與方法的定義。
	搜尋導覽 (Search navigator)	可用來對整個專案做文字的搜尋，搜尋的結果均會在此專欄顯示。
	錯誤導覽 (Issue navigator)	專案編輯的過程發生的錯誤及警告訊息都會在此專欄顯示。
	測試導覽 (Test Navigator)	用來測試程式碼。
	除錯導覽 (Debug navigator)	用來顯示除錯過程所執行的程式碼。

圖示	名稱	說明
	中斷點導覽 (Breakpoint navigator)	用來顯示開發者自行設定的中斷點。
	記錄檔導覽 (Log navigator)	用來顯示編譯或執行過程中所產生的記錄檔。

在專案導覽的下方可看到下圖的畫面，

主要是用來新增檔案和搜尋用的，說明如下表：

圖示	名稱	說明
+	新增檔案 (Add a new file)	新增檔案到專案中。
⊙	顯示最新檔案 (Show only recent files)	顯示最近開啟過的檔案。
⊠	顯示版本控管的檔案狀態 (Show only files with source-control status)	如果您的程式碼是在版本控管的狀態下，在此會顯示出來。
⊙	顯示符合檔案名稱的搜尋 (Show files with matching name)	輸入要搜尋的檔案名稱，只要符合的都會在此顯示。

1.4　編輯區域

編輯區域主要就是撰寫程式碼的區塊，所以整個最大的區塊就是撰寫程式碼的區塊，但是在上方還是有幾個功能可以使用，功能區塊主要分為三個區塊，由左至右為：

相關檔案

點選該圖示後會出現您最近開過的檔案、未儲存的檔案、父類別等等。

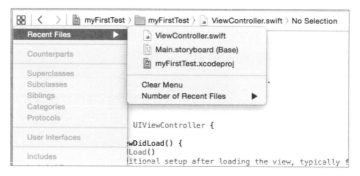

檔案瀏覽

當您開啟多的檔案後，可以透過該按鈕快速的切換檔案。

檔案的目錄結構

您可以透過他了解到您的檔案目錄結構，也可以點選他來開啟其他的檔案。

1.5　除錯區域

除錯區域主要用來顯示除錯的相關資訊。當您在專案中設定了中斷點，可以在除錯區域中看到您設定的中斷點的相關資訊。除錯區域可以分為兩個區塊，如下圖：

左方為變數的資訊，當您有設定中斷點時，可以看到您設定的中斷點，可以看到您中斷點的變數資訊；右方為程式錯誤訊息及您手動要印出((NSLog)訊息的地方。當您有多個中斷點時，上方可以使用除錯區域上方的功能來操作。如下圖，依序說明如下表：

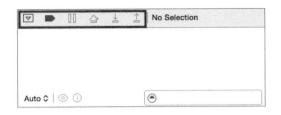

圖示	名稱	說明
▽	隱藏除錯區域 (Hide the Debug area)	顧名思義就是將除錯區域隱藏起來。
▶	繼續執行程式碼 (Continue Program execution)	當專案在編譯進行中，會切換成繼續執行程式碼。
❙❙	停止程式碼執行 (Pause Program execution)	停止編譯動作。
⌂	跳過函式，但會執行 (Step over)	當您設定的中斷點，過程會在執行其他函式時，不會進入該函式內一行一行執行，而是直接到您設定的下一個中斷點。
↓	進入函式 (Step into)	當您設定的中斷點，過程會去執行其他的函式時，並進入該函式一行一行執行。
↑	跳出函式 (Step out)	在使用逐行偵錯時，進入處理函式後如果想要返回前一個 Call Stack 呼叫函式時使用。

1.6　元件庫視窗

首先來設計 iPhone 的 UI 介面，先點選 MainStoryboard_iPhone.storyboard，可以看到以下的畫面。左方即是一個空白的介面可以讓您設計，右方則有 UI 元件以及可以設定元件的屬性，其中右方又可分為 Inspector 與 Library，先來看 Library。

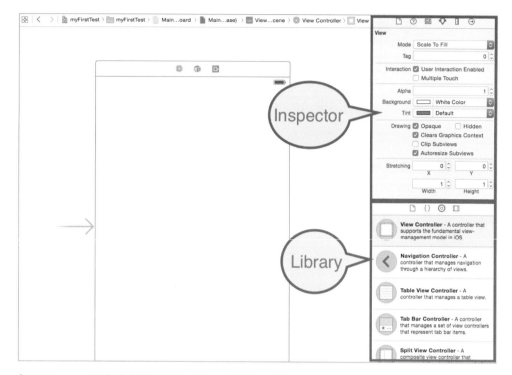

在 Library 視窗直接拖曳到 View 視窗，即可完成在畫面中新增不同元件的動作。完成元件新增的動作之後，可以對元件本身的屬性進行一些相關的設定，這些設定的內容於 Inspector 的視窗中，如右圖。

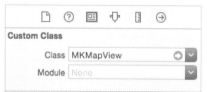

在這因為最常使用的是 Identity、Attribute、Size、Connection，因此主要是介紹這四個介紹。

圖示	名稱	說明
⬇	Attribute	設定元件的外觀
➔	Connection	設定元件和程式碼的連接關係
▤	Size	設定元件的 width、height 和 x、y 座標
▣	Identity	設定物件的 Class

1.7 視窗的切換

編輯模式(Editor)

在右方 Inspector、Library 的上方可以看到 Editor View，說明如下表：

圖示	名稱	說明
☰	標準模式 (Standard)	這是最常使用的模式，整個區域只會顯示一個編輯程式碼的區塊。當您在編輯介面的時候，iPhone 的介面設計也會在這個區塊顯示。
⊘	輔助模式 (Assistant)	輔助模式可同時開啟兩個檔案，您可同時編輯程式碼及介面的 Outlet 與 Action，在這個模式下很好用，可同時編輯兩個檔案，例如一個是.h 檔定義變數或方法時，可同時直接編輯.m 檔，這樣就不需要在尋找對應的.m 檔或是.h 檔。
↩	版本模式 (Version)	此模式可以看到.storyboard、.xib、.plist 檔案的原始碼，也可以讓您看到不同版本間的專案的差異，但前提是您的專案必須受到版本控管系統的控制。

視窗佈局

視窗的佈局，顧名思義就是開發介面的的佈局，您會發現在一開始的時候，除錯區域並不會在建立專案後馬上開啟，要等到您編譯專案時，才會開啟除錯區域；除錯區域是可以隱藏的，因此專案導覽、Library、Inspector 也都是可以隱藏的，在此就不再多做說明，自行點選視窗的布局，很明顯就可以看出端倪。

圖示	說明
▢	出現 navigation 區域
▢	出現 debug 區域
▢	出現 utility 區域

2
CHAPTER

UIButton

UIButton 是對使用者的動作，執行相對應程式碼的視圖。簡單地來說，就是當使用者按下按鈕，會去執行開發者為按鈕所寫的程式碼。接下來，我們要來簡單地實際操作一遍 UIButton。

Step 1 建立 Single View Application 專案，專案名稱為 UIButton。

Step 2 編輯 MainStoryboard.storyboard。UIButton 按鈕在前面已經有簡單的使用到，Main.storyboard 中加入 UIButton ，在 Attribute Insepctor 可看到有很多屬性欄位。第一個可看到 Type 欄位，用來設定按鈕的型態。一共有 6 種形態。如下圖。

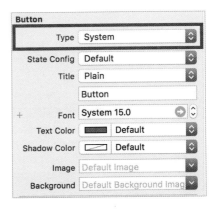

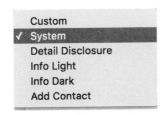

型態	說明
Custom	可以客製化的按鈕，例如要使用自行設計好的圖 片。
System	原本預設的圓角按鈕，裡面可以輸入文字

型態	說明
Detail Disclosure	代表後續還有詳細的資料
Info Light	資訊按鈕高亮度的版本
Info Dark	資訊按鈕顏色較深的版本
Add Contact	新增按鈕，表示要新增東西。

在此還是使用原本預設的按鈕做介紹；加入按鈕近來之後，可以使用輔助編輯的模式，建立按鈕的 IBAction 方法，如下圖，接著再開做 ViewController. swift 撰寫該方法的執行內容。

Step 3 編輯 ViewController.swift

加入以下程式碼

```
@IBAction func click (_ sender: Any){
    print("click")
}
```

Step 4 編譯專案這時編譯專案，點選 click 按鈕，在除錯區域就會顯示 NSLog 的訊息。

這樣的操作過程很簡單，但是不可能都如欲其按鈕是固定在這些位置上，在操作的設計上會有其他的設計，按鈕可能位置是動態的，而且按鈕執行方法內容並不一定要使用 IBAction。接下來就以程式碼的方式進行撰寫。

Step 1　建立 Single View Application 專案，專案名稱為 UIButton2

Step 2　編輯 ViewController.swift

範例程式

```
01  import UIKit
02  class ViewController: UIViewController {
03      override func viewDidLoad() {
04          super.viewDidLoad()
05          //定義按鈕的 Type
06          let btn1 = UIButton(type: UIButtonType.system)
07          let btn2 = UIButton(type: UIButtonType.system)
08          let btn3 = UIButton(type: UIButtonType.system)
09          let btn4 = UIButton(type: UIButtonType.system)
10          let btn5 = UIButton(type: UIButtonType.system)
11          let btn6 = UIButton(type: UIButtonType.system)
12
13          //定義按鈕的位置與寬高
14          btn1.frame = CGRect(x: 5,y: 5,width: 100,height: 100)
15          btn2.frame = CGRect(x: 110,y: 5,width: 100,height: 100)
16          btn3.frame = CGRect(x: 5,y: 110,width: 100,height: 100)
17          btn4.frame = CGRect(x: 110,y: 110,width: 100,height: 100)
18          btn5.frame = CGRect(x: 5,y: 220,width: 100,height: 100)
19          btn6.frame = CGRect(x: 110,y: 220,width: 100,height: 100)
20
21          //定義按鈕的 Title 文字
22          btn1.setTitle("click1", for: UIControlState())
23          btn2.setTitle("click2", for: UIControlState())
24          btn3.setTitle("click3", for: UIControlState())
25          btn4.setTitle("click4", for: UIControlState())
26          btn5.setTitle("click5", for: UIControlState())
27          btn6.setTitle("click6", for: UIControlState())
28
29          //為所有的按鈕加入 action 方法
30          btn1.addTarget(self, action: #selector(ViewController.btn1Click(_:)),
31                      for: UIControlEvents.touchUpInside)
32          btn2.addTarget(self, action: #selector(ViewController.btn2Click(_:)),
33                      for: UIControlEvents.touchUpInside)
34          btn3.addTarget(self, action: #selector(ViewController.btn3Click(_:)),
```

```
35                              for: UIControlEvents.touchUpInside)
36          btn4.addTarget(self, action: #selector(ViewController.btn4Click(_:)),
37                              for: UIControlEvents.touchUpInside)
38          btn5.addTarget(self, action: #selector(ViewController.btn5Click(_:)),
39                              for: UIControlEvents.touchUpInside)
40          btn6.addTarget(self, action: #selector(ViewController.btn6Click(_:)),
41                              for: UIControlEvents.touchUpInside)
42
43          //將按鈕加入畫面
44          self.view.addSubview(btn1)
45          self.view.addSubview(btn2)
46          self.view.addSubview(btn3)
47          self.view.addSubview(btn4)
48          self.view.addSubview(btn5)
49          self.view.addSubview(btn6)
50      }
51
52      //為所有的按鈕加入 action 方法
53      @objc func btn1Click (_ sender:UIButton){
54          print("btn1 clicked")
55      }
56      @objc func btn2Click (_ sender:UIButton){
57          print("btn2 clicked")
58      }
59      @objc func btn3Click (_ sender:UIButton){
60          print("btn3 clicked")
61      }
62      @objc func btn4Click (_ sender:UIButton){
63          print("btn4 clicked")
64      }
65      @objc func btn5Click (_ sender:UIButton){
66          print("btn5 clicked")
67      }
68      @objc func btn6Click (_ sender:UIButton){
69          print("btn6 clicked")
70      }
71
72      override func didReceiveMemoryWarning() {
73          super.didReceiveMemoryWarning()
```

```
74          // Dispose of any resources that can be recreated.
75      }
76  }
```

Step 3 　定義 6 個按鈕，型態都設為 System ，接著使用 CGRect 方法定義按鈕的位置與寬高，setTitle 是設定按鈕的 Title 文字，addTarget 裡的 forControlEvents:是設定按鈕的觸發事件為「UIControlEvents.TouchUpInside」，當按鈕被觸發時會執行 action: 指定的方法。最後使用 addSubView 將按鈕加入畫面中。如右圖。在各個按鈕事件中，使用簡單的 print 讓我們知道按鈕是否觸發到對應的方法。

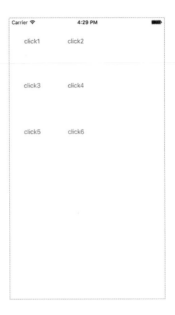

Step 4 　編譯專案

編譯完成專案並點選模擬器中的按鈕，觀察除錯區域是否有顯示對應的事件。如下圖。

3

UILabel

UILabel 是用來顯示文字，在 iPhone 上很常見，如果是靜態的顯示文字通常使用 storyboard 的 Attribute Inspector 設定即可。

首先以屬性設定的方式來做一個簡單的範例。

Step 1 建立一個 Single View Application 專案，專案命名為 Label。

Step 2 編輯 Main.storyboard

首先白色的 View，在 Attribute Inspector 可找到一個 Background 的屬性，將顏色選擇為「Dark Text Color」。

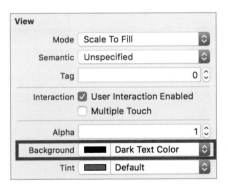

將 View 的畫面設定為黑色，為了凸顯 UILabel 的文字顏色。設定完背景顏色後，加入一個 UILabel 到畫面中，剛開始加入畫面，會因為畫面全部是黑的關係，所以 UILabel 的文字會自動變成白色。

開啟 UILabel 的 Attribute Inspector，在 Text 選擇 Plain，下方欄位設定 UILabel 的文字，Alignment 設定文字的為置中對齊，Font 字型大小設定為 34，Text Color 文字顏色選擇綠色，Shadow 文字的陰影顏色，設定為紅色，下方可看到 Shadow Offset 有兩個設定欄位 Horizontal、Vertical，這兩個欄位是設定陰影的垂直與水平位置，分別設定為 4 與 6。

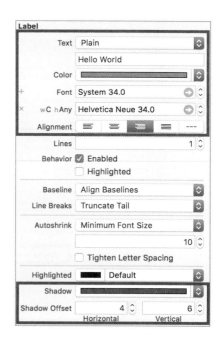

依照上面的設定，並且將 UILabel 文字的框架(Frame)大小做調整，將變得如右圖的畫面。這時候編譯專案，在 iPhone 上就會顯示出這個 UILabel 元件，目前這些設定都是透過 storyboard 中的屬性欄位來設定，這樣的方式很快而且很輕鬆。但這些一樣都是可以透過程式碼來控制的。接下來改用程式碼將 UILabel 文字設定的跟 storyboard 中一樣。

在 Label 的 Text 欄位，提供了兩種選擇，第一種是我們先前選擇的 Plain，第二種是 Attributed，如下圖。

選擇 Attributed 後，一樣是針對 Label 文字作一些屬性的設定，但是這邊比 Plain 選項多更多細部的設定；點選如下圖圈選的圖案，可以看到更多細部文字的設定調整。例如：文字方向、文字前間距、後間距、斷字……等。這裡不特別詳細介紹，根據你的需求請自行改變一些設定測試。

保留畫面中的 Hello World 文字，另外使用程式碼的方式在 Hello World 下方建立一個 UILabel 文字。

Step 3 編輯 ViewController.swift&編譯專案

🔖 範例程式

```
01   import UIKit
02   class ViewController: UIViewController {
03       override func viewDidLoad() {
04           super.viewDidLoad()
05
06           let label: UILabel = UILabel(frame: CGRect(x: 100, y: 200,
07                                                        width: 200, height: 50))
08
09           label.text = "Hello iPhone"
10           label.textAlignment = NSTextAlignment.center
11           label.backgroundColor = UIColor.black
12           label.font = UIFont.systemFont(ofSize: 34)
13           label.textColor = UIColor.yellow
14           label.shadowColor = UIColor.white
15           label.shadowOffset = CGSize(width: 10.0, height: 4.0)
16           self.view.addSubview(label)
17       }
18
19       override func didReceiveMemoryWarning() {
20           super.didReceiveMemoryWarning()
21       }
22   }
```

要加入 UILabel 元件必須在畫面載入時就加入，所以程式碼內容寫在 viewDidLoad() 這個方法內。

要使用程式碼加入元件，元件的位置也必
須自己定義，在定義一個 UILabel 類別的
label 變數的同時，使用 CGRect 定義框架
大小，將 x, y 位置設為 100, 200, 寬, 高設
為 200, 50。定義基本的框架大小後，接著
很多的設定都會跟前面使用 storyboard 做
設定出現的屬性名稱相似，可以對照右
圖，這樣會比較能夠了解。

iPhone 8 - iOS 11.0

- label.text 定義該 UILabel 的文字內容為『Hello iPhone』。
- label.textAlignment 定義 UILabel 的文字置中。
- label.backgroundColor 定義該 UILabel 的背景顏色，而顏色需要透過 UIColor 類別來幫助。
- label.font 定義文字的字型，使用 systemFontOfSize 設定文字的大小。
- label.textColor 定義文字的顏色，一樣使用 UIColor 這個類別來定義顏色。
- label.shadowColor 定義文字陰影的顏色。
- label.shadowOffset 定義文字陰影的位置，因為是要定義垂直與水平的位置，所以使用 CGSize 這個方法來定義。
- 最後，記得使用 addSubView 方法，將 label 加入於畫面中，這樣才會顯示在 iPhone 畫面中。

編譯專案後會得到如上圖的結果，除了使用 storyboard 加入的文字外，也看到使用程式碼加入 Label 文字。

4

CHAPTER

UIDatePicker

UIDatePicker 是個相當方便的元件，在設定時間時，只需要上下轉動就可以完成，在很多的 App 中都可以看到 UIDatePicker，例如記帳軟體，設定該筆消費的日期，待辦事情記錄，設定事情的到期日期等等，接下來以一個簡單的範例來介紹如何使用 UIDatePicker。

這個專案會分成兩種作法，第一種使用元件庫的 Date Picker，因此自己需要寫的程式碼很少；第二種使用程式碼的方法建立 Date Picker。讓我們先來看看第一種的方法。

Step 1 建立一個 Single View Application 的專案，專案名稱命名為 Date Picker。

Step 2 編輯 Main.storyboard

首先在元件庫中，可以找到 Date Picker，如同之前的方法，以滑鼠拖曳的方式將 Date Picker 加入到 iPhone 畫面中，如下圖：

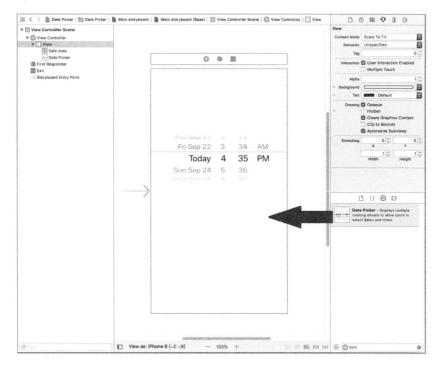

加入該元件後，先找到 Attribute Inspector，在 Date Picker 內可以看到

1. Mode：Date Picker 的模式
2. Locale：設定當地的時區
3. Interval：設定時間的間隔區間大小

Mode 點選開來又可以看到有四個選項可以選擇，Time(時間模式)、Date(日期模式)、Date and Time(日期＆時間模式)、Count Down Timer(倒數計時模式)，如下表。

Time(時間模式)　　　　　　　　　**Date(日期模式)**

Date and Time(日期&時間模式)　　　**Count Down Timer(倒數計時模式)**

Locale 是設定 App 會在哪一個時區使用，點選開來可以看到很多國家可以選擇，而也可以在其中找到台灣。Interval，是用來設定時間選擇的間隔範圍，預設是 1 分鐘。

接著加入 Label 元件，顯示我們選擇的時間。這邊請把 Label 元件的大小做一下調整，因為字串長度大於原本元件的大小，原本的大小並無法完整的顯示年、月、日時間。

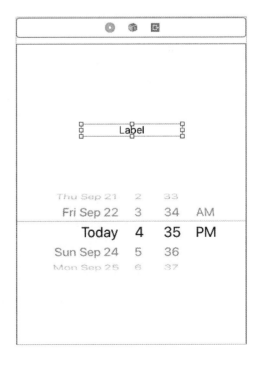

Step 3 編輯 ViewController.swift

範例程式

加入以下程式碼

```
@IBOutlet weak var datePicker: UIDatePicker!
@IBOutlet weak var dateLabel: UILabel!
```

定義 UILabel 與 UIDatePicker 類別變數。

Step 4 繼續編輯 ViewController.swift

可以在程式碼中看到 viewDidLoad 這個方法，viewDidLoad 這個方法是在畫面載入時就會執行的方法，因此在畫面載入時要執行什麼動作，都可以在這個方法內撰寫，編輯程式碼如下：

```
override func viewDidLoad() {
    super.viewDidLoad()
    datePicker.addTarget(self, action:
                        #selector(ViewController.datePickerChanged(_:)),
                        for: UIControlEvents.valueChanged)
}
```

使用 addTarget:action:forControlEvents: 方法，UIControlEvents 是指當 DatePicker 的值被改變時，會執行 action 指定的方法，而指定方法需要藉由「#selector」來指定。

所以當 DatePicker 的值有被改變時，會執行 datePickerChange，編輯程式碼如下：

```
@objc func datePickerChanged(_ datePicker:UIDatePicker) {
    var dateFormatter = DateFormatter()
    dateFormatter.dateStyle = DateFormatter.Style.short
    dateFormatter.timeStyle = DateFormatter.Style.short
    var Date = dateFormatter.string(from: datePicker.date)
    dateLabel.text = Date
}
```

補充解釋

DateFormatter 這個類別可以幫助處理日期時間的問題，而日期的時間格式可透過 dateFormat: 這個方法轉成我們需要的格式，而日期的格式可以參考下表：

格式	說明
yyyy	年份(4 位數)，例如 2017
yy	年份(最後 2 位數)，例如 17
M / MM	月份，例如 3 / 03
d / dd	日期，例如 7 / 07
H / HH	小時(24 小時制)，例如 19
h / hh	小時(12 小時制)，例如 19
m / mm	分，例如 3 / 03
s / ss	秒，例如 3 / 03

Step 5　建立連結

開啟 MainStoryboard.storyborad，點選 ViewController，在 Connections Inspector 的 Outlets 欄位可以看到 dateLabel 與 datePicker 兩個在程式碼中定義的變數，而這兩個變數指的是 property 的變數，因為在 property 內定義的變數有 IBOutlet 這個定義，所以在此才能看到。

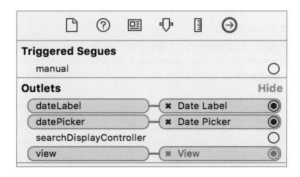

Step 6 編譯專案

編譯專案後，轉動 DatePicker，Label 元件也會
跟著變動。目前是直接在 storyboard 檔案加入一
個 DatePicker，接著試著不要使用 storyboard，
改以程式碼的方式呈現 DatePicker。

前面的專案範例是 DatePicker 在 iPhone 一開啟 App 就可以看到，但是在實
際的應用上，不可能一開啟 App 就選擇時間。而是在觸發某個元件後，才會
跳出 Date Picker 讓我們選擇。接下的範例使用 Button 來觸發 Date Picker。

Step 1 建立 Single View Application 的專案，專案名稱為 Date Picker 2

Step 2 編輯 Main.storyboard

加入一個 Button 與 Label 元件，如右圖。Label
元件一樣要做大小的調整。

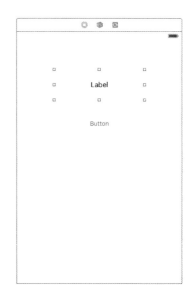

Step 3 編輯 ViewController.swift

加入以下程式碼

```swift
var datePicker: UIDatePicker!
@IBOutlet weak var dateLabel: UILabel!
@IBAction func showDatePicker(_ sender: AnyObject) {  }
```

Label 元件如同前面的專案。定義 IBAction 為 Button 的觸發事件。

Step 4 繼續編輯 ViewController.swift

加入以下程式碼

```swift
@IBAction func showDatePicker(_ sender: AnyObject) {
    datePicker = UIDatePicker(frame: CGRect(x: 0, y: 245,
                                            width: 320, height: 160))
    datePicker.addTarget(self,action:
                         #selector(ViewController.datePickerChanged(_:)),
                         for: UIControlEvents.valueChanged)
    view.addSubview(datePicker)
}
```

因為元件是透過程式碼的方式製作，所以元件的位置也必須自己定義，而元件的位置可以透過 CGRect 類別達成，CGRect 裡面四個參數分別為 x, y, 寬, 高；接著與前面的範例一樣，定義一個 UIDatePicker 類別變數 datePicker，並且使用 initWithFrame: 定義該元件的位置，datePickerMode 設定 DatePicker 的模式為 UIDatePickerModeDateAndTime(時間與日期)。

使用 addSubView: 方法將 datePicker 加入畫面中，如果沒有用這個方法，datePicker 並不會顯示在畫面中。

datePickerChange:n 的方法內容，跟上述的專案一模一樣，在此就不再贅述。

4-7

Step 5 建立連結

此時這邊需要建立的是 IBAction 與 Button 的關聯，開啟 Main.storyboard，選取 ViewController，Connectoins Inspector 內的 Recevied Actions 會有我們定義的 showDatePicker 方法，將他與 Button 建立關連，觸發的事件選擇「Touch Up Inside」。

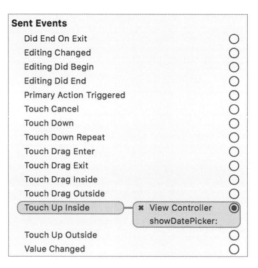

Step 6 編譯專案

編譯完成後，點選按鈕就會出現 DatePicker，改變日期時，Label 元件也會跟著改變顯示的時間。

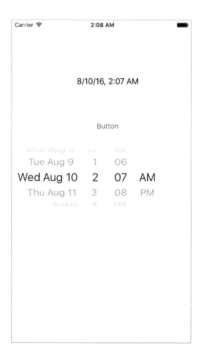

使用元件庫的 Date Picker

📄 範例程式：ViewController.swift

```
01   import UIKit
02   class ViewController: UIViewController {
03       @IBOutlet weak var datePicker: UIDatePicker!
04       @IBOutlet weak var dateLabel: UILabel!
05
06       override func viewDidLoad() {
07           super.viewDidLoad()
08           datePicker.addTarget(self, action:
09                               #selector(ViewController.datePickerChanged(_:)),
10                               for: UIControlEvents.valueChanged)
11       }
12
13       @objc func datePickerChanged(_ datePicker:UIDatePicker) {
14           var dateFormatter = DateFormatter()
15           dateFormatter.dateStyle = DateFormatter.Style.short
16           dateFormatter.timeStyle = DateFormatter.Style.short
17           var Date = dateFormatter.string(from: datePicker.date)
18           dateLabel.text = Date
19       }
20
21       override func didReceiveMemoryWarning() {
22           super.didReceiveMemoryWarning()
23       }
24   }
```

使用程式碼的方法建立 Date Picker

📄 範例程式：ViewController.swift

```
01   import UIKit
02
03   class ViewController: UIViewController {
04       var datePicker: UIDatePicker!
05       @IBOutlet weak var dateLabel: UILabel!
06       @IBAction func showDatePicker(_ sender: AnyObject) {
07           datePicker = UIDatePicker(frame: CGRect(x: 0, y: 245,
```

```
08                                        width: 320, height: 160))
09          datePicker.addTarget(self,action:
10                      #selector(ViewController.datePickerChanged(_:)),
11                      for: UIControlEvents.valueChanged)
12          view.addSubview(datePicker)
13      }
14      override func viewDidLoad() {
15          super.viewDidLoad()
16      }
17      @objc func datePickerChanged(_ datePicker:UIDatePicker) {
18          let dateFormatter = DateFormatter()
19          dateFormatter.dateStyle = DateFormatter.Style.short
20          dateFormatter.timeStyle = DateFormatter.Style.short
21          let Date = dateFormatter.string(from: datePicker.date)
22          dateLabel.text = Date
23      }
24      override func didReceiveMemoryWarning() {
25          super.didReceiveMemoryWarning()
26      }
27  }
```

5

CHAPTER

UIPickerView

DatePicker 是用來選擇時間的，而 PickerView 是可以客製化內容的選擇器，可以根據設計者或是使用者的需求放入不同的內容。接下來以簡單的範例來介紹。

Step 1 建立 Single View Application 專案，專案名稱為 PickerView。

Step 2 編輯 MainStoryboard.storyboard

如同 DatePicker，用滑鼠拖曳的方式將 Picker View 加入到畫面中；除了加入 Picker View，記得也要加入一個 Label 元件，用來顯示 Picker View 選擇的值。

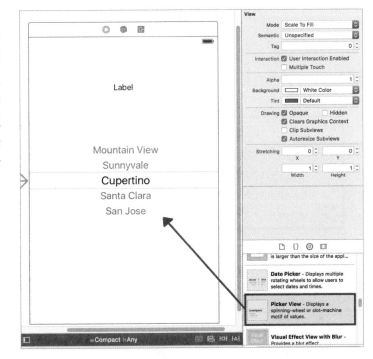

Step 3 編輯 ViewController.swift

```swift
import UIKit
class ViewController: UIViewController, UIPickerViewDelegate,
                      UIPickerViewDataSource {
    @IBOutlet var dataLabel: UILabel!
    @IBOutlet var picker: UIPickerView!
    let data1 : NSArray = ["蘋果","鳳梨","香蕉","西瓜"]
    let data2 : NSArray = ["可樂","紅茶"]
    var data3 = ""
    var data4 = ""
...
}
```

data1 選完的資料會儲存於 data3，data2 選完則儲存於 data4，建立連結方法：點選 Picker view 後，按住 control + 滑鼠往上拖移至上方 View Controller，連接 dataSource 跟 delegate，連接成功後，會在右方區域的 Outlets 顯示。之後會詳細解說。

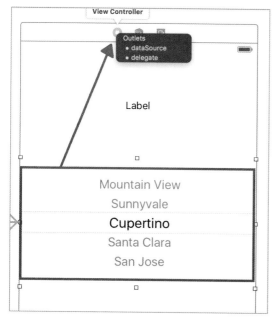

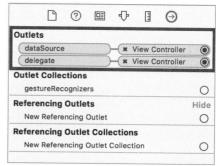

Step 4 繼續編輯 ViewController.swift

```swift
func numberOfComponents(in picker: UIPickerView) -> Int {
    return 2
}
func pickerView(_ picker: UIPickerView,
               numberOfRowsInComponent component: Int) -> Int {
    if(component == 0) {
        return data1.count
    }
    else {
        return data2.count
    }
}
func pickerView(_ picker: UIPickerView, titleForRow row: Int,
               forComponent component: Int) -> String? {
    if(component == 0) {
        data3 = "\(data1[row])"
        return data3
    }
    else {
        data4 = "\(data2[row])"
        return data4
    }
}
```

這邊可以看到使用了三個方法來操作 PickerView：

1. numberOfComponents：-> 控制 PickerView 的元件個數。

2. pickerView:numberOfRowsInComponent：-> 控制 PickerView 每個元件內的資料比數(Row)。row 為滾輪的項目數。

3. pickerView:titleForRow:forComponent：->控制 PickerView 每個元件內的資料名稱(title)。

所以根據上面的程式碼設定，最後呈現的結果會有兩個元件可以選擇，而選項的資料就是前面定義的陣列內容，如下圖。

到目前為止轉動 PickerView 並不會改變 Label 元件的值，必須透過 pickerView:didSelectRow:inComponent: 這個方法來達成。

```
func pickerView(_ picker: UIPickerView, didSelectRow row: Int,
                              inComponent component: Int) {
    dataLabel.text = data3 + " " + data4
}
```

資料分別由 data3 與 data4 取得，藉由 selectedRowInComponent:方法取得，例如選取水果那一陣列中的資料，也就是選取到 Component 為 0，pickerView 會取得你選取 Component 為 0 中的第幾個資料，藉由這樣再去陣列中取出資料。

Step 5 建立元件連結

開啟 MainStoryboard.storyboard，選取 ViewController，開啟 Connections Inspector，連結 Outlets 的連結，如下圖。

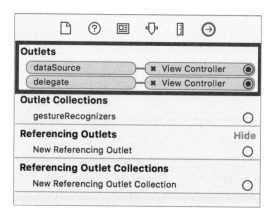

Outlet 的連結完成之後，最後還要完成一件事情，就是 PickerView 的資料還有事件的操作都是在 ViewController 內完成的，因此 PickerView 的 datasource 與 delegate 必須是與 ViewController 有相關聯的。因此點選 PickerView，再觀看 Connections Inspector，可找到 Outlets 欄位中有 dataSource 與 delegate，需要將這兩個 Outlets 與 ViewController 建立關聯。

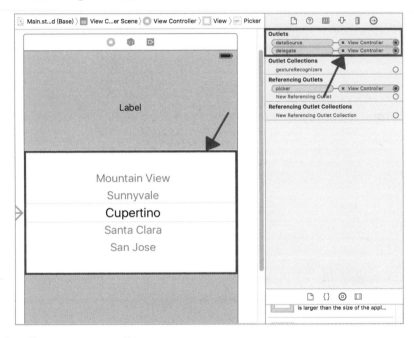

如右圖，將 dataSource 與 delegate 拖曳到 ViewController，這樣一來 PickerView 的資料內容與選擇觸發 事情就由 ViewController 內我們已 撰寫好的程式碼來控制了。

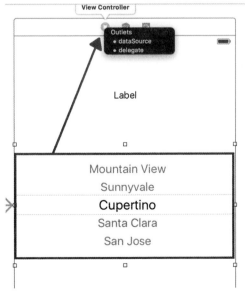

Step 6 編譯專案

編譯完成後，在 iPhone 模擬器，轉動 Picker View，Label 元件也會跟著 Picker View 選擇不同的選項跟著變動。

當然在 App 一打開不可能會顯示 Picker View 讓使用者選擇，通常都是會有一個輸入欄位，或是按鈕讓使用者按下之後才會出現。

現在來修改這個專案，將 Picker View 變成預設不會出現，而是點選按鈕之後才可供使用者做選擇。

Step 1　編輯 ViewController.swift

```
import UIKit
class ViewController: UIViewController,
                      UIPickerViewDelegate ,UIPickerViewDataSource {
    @IBOutlet var dataLabel: UILabel!
    let data1 : NSArray = ["蘋果","鳳梨","香蕉","西瓜"]
    let data2 : NSArray = ["可樂","紅茶"]
    var data3 = ""
    var data4 = ""
    var picker : UIPickerView!
    @IBAction func showPickerView(_ sender: AnyObject) {
        picker = UIPickerView(frame: CGRect(x: 10, y: 245,
                              width: 320, height: 216))
        picker.showsSelectionIndicator = true
        picker.delegate = self
        self.view.addSubview(picker)
    }
    ...
}
```

這邊刪除的是 UIPickerView 內的 IBOutlet 這個關鍵字，因為介面中已經沒有可以對應的 PickerView 元件。showPickerView:方法是按鈕的觸發事件，因此該方法是與按鈕建立關連。

Step 2　繼續編輯 ViewController.swift

```
@IBAction func showPickerView(_ sender: AnyObject) {
    picker = UIPickerView(frame: CGRect(x: 10, y: 245,
                          width: 320, height: 216))
    picker.showsSelectionIndicator = true
    picker.delegate = self
    self.view.addSubview(picker)
}
```

使用 CGRect 類別定義 pickerViewFrame 的大小，一樣是使用 CGRect 這個方法定義 x、y、寬、高的值。showSelectionIndicator 是用來顯示 Picker View 選擇的指示符號。

將 picker 的 delegate 指定給 self，也就是將 picker 的 delegate 指定給 ViewController，這樣才可以由上述所撰寫的方法控制。最後記得一樣要使用 addSubview: 方法將 picker 加入到畫面中。

Step 3 編譯專案

建立完按鈕與 IBAction 的連結，觸發事件一樣選擇「Touch Up Inside」；接著編譯專案。點選按鈕後，Picker View 就會出現，改變 Picker View 選擇的選項，Label 元件也會更著改變。

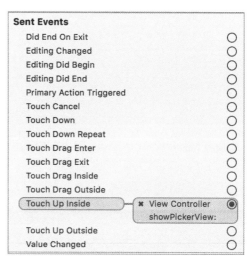

picker view 完整程式碼

範例程式：ViewController.swift

```
01   import UIKit
02   class ViewController: UIViewController, UIPickerViewDelegate,
03                     UIPickerViewDataSource {
04       @IBOutlet var dataLabel: UILabel!
05       @IBOutlet var picker: UIPickerView!
06       let data1 : NSArray = ["蘋果","鳳梨","香蕉","西瓜"]
07       let data2 : NSArray = ["可樂","紅茶"]
08       var data3 = ""
```

```
09          var data4 = ""
10          var picker : UIPickerView!
11          override func viewDidLoad() {
12              super.viewDidLoad()
13              // Do any additional setup after loading the view, typically from a nib.
14          }
15          override func didReceiveMemoryWarning() {
16              super.didReceiveMemoryWarning()
17              // Dispose of any resources that can be recreated.
18          }
19          func numberOfComponents(in picker: UIPickerView) -> Int {
20              return 2
21          }
22          func pickerView(_ picker: UIPickerView,
23                          numberOfRowsInComponent component: Int) -> Int {
24              if(component == 0) {
25                  return data1.count
26              }
27              else {
28                  return data2.count
29              }
30          }
31          func pickerView(_ picker: UIPickerView, titleForRow row: Int,
32                          forComponent component: Int) -> String? {
33              if(component == 0) {
34                  data3 = "\(data1[row])"
35                  return data3
36              }
37              else {
38                  data4 = "\(data2[row])"
39                  return data4
40              }
41          }
42          func pickerView(_ picker: UIPickerView, didSelectRow row: Int,
43                          inComponent component: Int){
44              dataLabel.text = data3+" "+data4
45          }
46      }
```

以 button 觸發 picker view

範例程式：ViewController.swift

```swift
01  import UIKit
02  class ViewController: UIViewController, UIPickerViewDelegate,
03                        UIPickerViewDataSource {
04      @IBOutlet var dataLabel: UILabel!
05      let data1: NSArray = ["蘋果","鳳梨","香蕉","西瓜"]
06      let data2: NSArray = ["可樂","紅茶"]
07      var data3 = ""
08      var data4 = ""
09      var picker: UIPickerView!
10      @IBAction func showPickerView(_ sender: AnyObject) {
11          picker = UIPickerView(frame: CGRect(x: 10, y: 245,
12                                              width: 320, height: 216))
13          picker.showsSelectionIndicator = true
14          picker.delegate = self
15          self.view.addSubview(picker)
16      }
17      override func viewDidLoad() {
18          super.viewDidLoad()
19          // Do any additional setup after loading the view, typically from a nib.
20      }
21      override func didReceiveMemoryWarning() {
22          super.didReceiveMemoryWarning()
23          // Dispose of any resources that can be recreated.
24      }
25      func numberOfComponents(in picker: UIPickerView) -> Int {
26          return 2
27      }
28      func pickerView(_ picker: UIPickerView,
29                      numberOfRowsInComponent component: Int) -> Int {
30          if(component == 0) {
31              return data1.count
32          }
33          else {
34              return data2.count
35          }
36      }
```

```
37    func pickerView(_ picker: UIPickerView, titleForRow row: Int,
38                        forComponent component: Int) -> String? {
39        if(component == 0) {
40            data3 = "\(data1[row])"
41            return data3
42        }
43        else {
44            data4 = "\(data2[row])"
45            return data4
46        }
47    }
48    func pickerView(_ picker: UIPickerView, didSelectRow row: Int,
49                        inComponent component: Int){
50        dataLabel.text = data3+" "+data4
51    }
52 }
```

6
CHAPTER

Text Field

Input Text 在使用者輸入帳號或密碼時，常常會看到這類的元件，但在 iPhone 的元件內稱之為 Text Field。當使用者在輸入帳號時需要顯示的是明文，輸入密碼顯示的是「＊」以免被人看到密碼。而這些都是可以在 storyboard 檔案的 Attribute Inspector 中設定的。鍵盤也會根據其需求做變化，例如只是要輸入電話號碼時，就會跳出數字的鍵盤，並不會顯示傳統的鍵盤，等等很多的設定都可以在 Text Field 做到的。接下來以簡單的範例來示範。

Step 1 建立 Single View Application 的專案，專案名稱為 Text Field。

Step 2 編輯 Main.storyboard

找到 Text Field 元件，以滑鼠拖曳的方式，將該元件加入到畫面中如下圖。

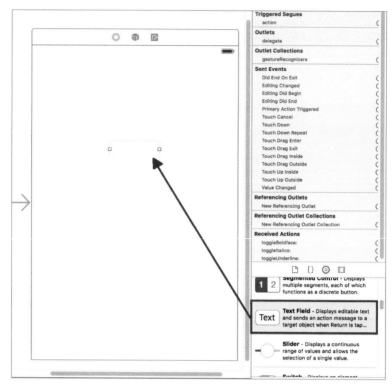

為了讓凸顯不同的設定 Text Field 會有不同
的呈現。做個簡單的登入畫面，因此需要
使用兩個 Text Field 與兩個 Label 元件。最
後完成的畫面如右圖。

做一個簡單的登入帳號、密碼的畫面，在此不需要加入按鈕，因為主要是觀察 Text Field 的差異。選取到 Text Field，並到 Attribute Inspector。在 Attribute Inspector 中的 Text 欄位使用預設的 Plain，並可看到 Text 與 Placeholder 這兩個欄位屬性。

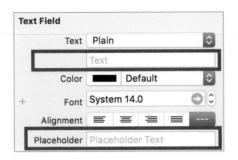

選取帳號 Text Field 設定 Text 欄位屬性值為「admin」，密碼 Text Field 設定 Placeholder 欄位屬性值為「請輸入密碼」，由右圖可以很明顯的看到 Text 欄位屬性是設定 Text Field 的預設文字，Placeholder 設定 Text Field 的提示文字，讓使用者知道該填入什麼。

密碼的 Text Field 在輸入的時候要將文字變成「＊」，在 Attribute Inspector 下方可找到一個「Secure Text Entry」的欄位，將他勾選起來。這樣一來輸入密碼欄位時候就會呈現「＊」。

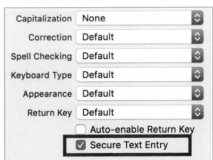

這時候點選 Text Field 是會出現傳統的鍵盤，所以要輸入數字的話，使用者必須自己切換，這樣反而讓使用者多了幾個操作步驟，並不是很理想。

然而 iPhone 在設計上已經將 Text Field 的 keyboard 設定納入考量了，在 Attribute Inspector 可以找到 keyboard 這個屬性設定。

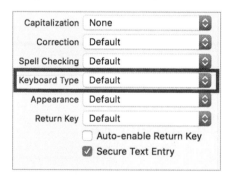
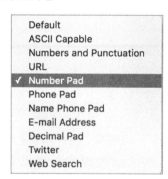

點選開 keyboard 選項可看到很多鍵盤型態
可選擇，在此選擇「Number　Pad」，執行
之後可看到鍵盤的型態變成純數字的鍵盤
了。

Default 與 ASCII Capable 都是與原本的鍵盤一樣，差別是在 ASCII 輸入的文
字是以 ACSII 編碼。

Numbers and Punctuation 則是指會顯示數字與標點符號的鍵盤。

URL 會出現在輸入網址時，常用到的一些文字按鈕可以增加輸入時的便利性。

Number Pad 就是純數字的鍵盤。

Phone Pad 在輸入電話時可能會要輸入「＊」、「＋」、「＃」，所以在左下角有提供這樣的按鈕。

Number Phone Pad 提供了數字與一般文字的鍵盤，左下角可以自由切換數字與文字鍵盤。

E-mail Address 提供了 Email 輸入時，很常用到的小老鼠與點的符號。

除了鍵盤的形態設定之外，還有其他的設定依序為：

1.　Capitalization：字首大寫

2.　Correction：自動更正

3.　Keyboard：鍵盤型態

4.　Appearance：鍵盤外型

5.　Return Key：Return 鍵類型

6.　Auto-enable Retuen Key：使用者有輸入文字時，才會啟用 Return 鍵

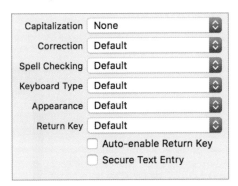

在 Attribute Inspector 還有其他很多的屬性欄位可以設定，例如 Text Field 的 Background、Alignment...等，這些都是可以根據 App 的需求去做調整的，在這就不多做說明。

到目前都是使用 storyboard 的操作，如果換成使用程式碼要如何操作呢？讓我們繼續看下去。

一樣保留原本加入的元件，開啟 ViewController.swift。

```
override func viewDidLoad() {
    super.viewDidLoad()
```

```
let txtField: UITextField =  UITextField()
txtField.frame = CGRect(x: 150, y: 165, width: 150, height: 30)
txtField.borderStyle = UITextBorderStyle.roundedRect
txtField.text="admin"

let txtFieldpas: UITextField = UITextField()
txtFieldpas.frame = CGRect(x: 150, y: 235, width: 150, height: 30)
txtFieldpas.borderStyle = UITextBorderStyle.roundedRect
txtFieldpas.placeholder = "請輸入密碼"

let txtFieldmail: UITextField = UITextField()
txtFieldmail.frame = CGRect(x: 150, y: 300, width: 150, height: 30)
txtFieldmail.borderStyle = UITextBorderStyle.roundedRect
txtFieldmail.placeholder = "請輸入  E-mail"

self.view.addSubview(txtField)
self.view.addSubview(txtFieldpas)
self.view.addSubview(txtFieldmail)
}
```

編譯結果如右圖，程式碼的邏輯都一樣，一開始一定要使用 CGRect 類別定義一個座標位置與寬高，讓元件的初始畫面框架使用。接著就是定義元件的屬性值，最後再使用 addSubView:方法將元件加入畫面中，程式碼的部份就不再贅述。

到目前是否還少了什麼？return 鍵按下後要隱藏鍵盤！

沒錯，這需要透過 textFieldShouldReturn: 方法來達成，要使用這個方法需要繼承 UITextFieldDelegate 這個協定。

📳 **範例程式**：ViewController.swift

```
class ViewController: UIViewController, UITextFieldDelegate{}
```

加入繼承 UITextFieldDelegate 這個協定。再回到 ViewController.swift 這時輸入 textField，就可以找到 textFieldShouldReturn:這個方法，

```
func textFieldShouldReturn(_ textField: UITextField) -> Bool  {
    self.view.endEditing(true)
    return false
}
```

使用 resignFirstResponder 方法將鍵盤回復到一開始的狀態(鍵盤一開始的狀態就是隱藏)，這樣鍵盤就會再次隱藏起來。

但現在還欠缺一個動作，就是 Text Field 的委派(delegate)是給誰控管？所以回到 viewDidLoad 方法中，加入下面的程式碼：

```
override func viewDidLoad() {
    super.viewDidLoad()
    ...... 略
    self.view.addSubview(txtField)
    self.view.addSubview(txtFieldpas)
    txtFieldmail.delegate = self
    self.view.addSubview(txtFieldmail)
}
```

將 txtFieldmail 的委派交給 self，也就是 ViewController。這樣按下 return 鍵時才知道 textFieldShouldReturn:這個方法。

程式碼產生的 Text Field 是透過程式碼的控制，那 storyboard 中的 Text Field 則需要透過建立連結關連的方式完成。首先開啟 Main.storyboard，點選 TextField，看到 Connections Inspector，在裡面可找到 delegate，滑鼠拖曳的方式 將他與 ViewController 建立關連，兩個元件的操作方式都一樣，如下圖：

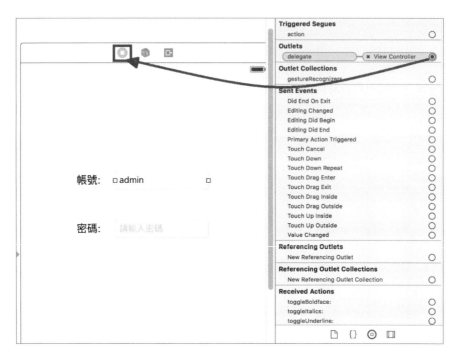

TextField 完整程式碼

📄 範例程式：ViewController.swift

```
01   import UIKit
02   class ViewController: UIViewController, UITextFieldDelegate{
03
04       override func viewDidLoad() {
05           super.viewDidLoad()
06
07           let txtField: UITextField =  UITextField()
08           txtField.frame = CGRect(x: 150, y: 165, width: 150, height: 30)
09           txtField.borderStyle = UITextBorderStyle.roundedRect
10           txtField.text="admin"
11
12           let txtFieldpas: UITextField = UITextField()
13           txtFieldpas.frame = CGRect(x: 150, y: 235, width: 150, height: 30)
14           txtFieldpas.borderStyle = UITextBorderStyle.roundedRect
15           txtFieldpas.placeholder = "請輸入密碼"
16
17           let txtFieldmail: UITextField = UITextField()
```

```
18          txtFieldmail.frame = CGRect(x: 150, y: 300, width: 150, height: 30)
19          txtFieldmail.borderStyle = UITextBorderStyle.roundedRect
20          txtFieldmail.placeholder = "請輸入 E-mail"
21
22          self.view.addSubview(txtField)
23          self.view.addSubview(txtFieldpas)
24          txtFieldmail.delegate = self
25          self.view.addSubview(txtFieldmail)
26       }
27    func textFieldShouldReturn(_ textField: UITextField) -> Bool {
28          self.view.endEditing(true)
29          return false
30       }
31    override func didReceiveMemoryWarning() {
32          super.didReceiveMemoryWarning()
33          // Dispose of any resources that can be recreated.
34       }
35  }
```

7

Text View

Text Field 僅能輸入單行文字,如果有很多的文字要輸入時,例如記事本,這時可以使用 Text View。接著建立一個簡單的範例來操作 Text View。

Step 1　建立 Single View Application 專案,專案名稱為 Text View。

Step 2　編輯 MainStoryboard.storyboard。

在元件庫中找到 Text View 元件,以滑鼠拖曳的方式加入到 View 中,如下圖:

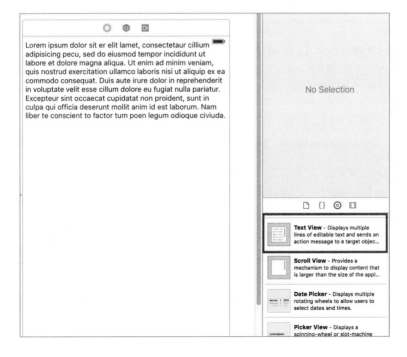

加入 Text View 後會自動填滿整個畫面，並且已經有預設的文字在上面。選取 Text View，開啟 Attribute Inspector，可看到 Text 屬性欄位已經有預設的文字，因此如果有預設的文字可在這裡輸入，如右圖。

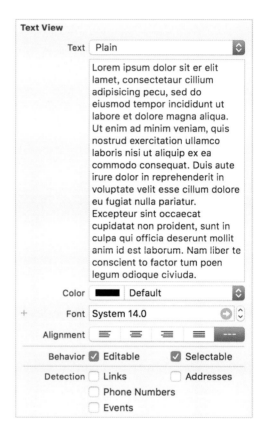

在下方看到 Behavior 這個選項，如果將 Editable 勾選取消，代表這個 Text View 的內容是唯讀的，不可更改。下方 Alignment、Text Color、Font 是設定文字的格式，這就不多做介紹了。

在屬性下方接著可以看到 Detection 這個屬性欄位。裡面分別有 Links、Addresses、PhoneNumbers、Events。

這是偵測 Text View 的內容是否有連結、地址、電話，當內容符合時，會以底線藍色註記，例如點選網頁連結時，會使用瀏覽器開啟這段網址。但這項功能需要先將 Editable 選項勾選取消，才會看見這項功能。

TextView 的協定(UITextViewDelegate) 針對編輯提供了四個方法供我們使用。

1. textViewShouldBeginEditing：-> 將要編輯 Text View
2. textViewDidBeginEditing：-> 已經開始編輯 Text View
3. textViewShouldEndEditing：-> 將要結束編輯 Text View
4. textViewDidEndEditing：-> 已經結束編輯 Text View

這幾個方法都很相像，但是執行的優先順序有差異，讓我們來觀察它的執行順序，首先開啟 ViewController.swift，編輯程式碼如下：

```swift
class ViewController: UIViewController,UITextViewDelegate{
    @IBOutlet var textView: UITextView!
    ......
}
```

加入 UITextViewDelegate 這個協定，並且定義一個 IBOutlet UITextView 的類別 textView。

Step 3 編輯 ViewController.swift

撰寫 UITextViewDelegate 提供的四個方法，

```swift
func textViewDidBeginEditing(_ textView: UITextView) {
    NSLog("textViewDidBeginEditing")
}
func textViewDidEndEditing(_ textView: UITextView) {
    NSLog("textViewDidEndEditing")
}
func textViewShouldBeginEditing(_ textView: UITextView) -> Bool {
    NSLog("textViewShouldBeginEditing")
    return true
}
func textViewShouldEndEditing(_ textView: UITextView) -> Bool {
    NSLog("textViewShouldEndEditing")
    return true
}
```

這些方法內使用簡單的 NSLog 觀察哪一個方法先印出訊息來。

Step 4 編輯 MainStoryboard.storyboard

開啟 storyboard 檔案，選擇 ViewController，在 Connections Inspector 中 Outlet 欄位將 textView 與元件 Text View 建立關連，如下圖。

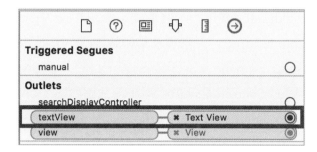

接著建立 Text View 的 delegate，將元件的委派交給 ViewController，如下圖。（點選 text view 後，control + 滑鼠拖移至 ViewController，選擇 delegate。）

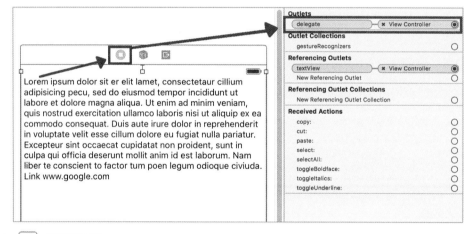

Step 5 編譯專案

點選模擬器內的 Text View，在 Debug 區域中可看到 NSLog 的訊息依序為 textViewShouldBeginEditing、textViewDidBeginEditing，那是如何會呼叫結束編輯兩個方法。(Editable 請記得勾選)

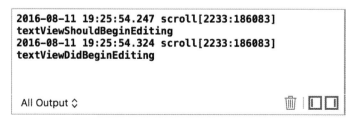

在加入一個 textView:shouldChangeTextInRange:replacementText:方法，此方法原本是用來改變取代選取範圍的文字，但可利用此方法來隱藏鍵盤，當鍵盤隱藏時，表示 Text View 將結束編輯，這時就會呼叫 EndEditing 的方法了。編輯程式碼如下：

```swift
func textView(_ textView: UITextView, shouldChangeTextIn range: NSRange,
                replacementText text: String) -> Bool {
    if (text.isEqual("\n")){
        self.textView.resignFirstResponder()
    }
    return true
}
```

判斷輸入的文字是否為「return」，原本鍵盤中的 return 就是用來換行的，因此判斷時就用「\n」；並且使用 resignFirstResponder 這個方法，將鍵盤隱藏起來。這時 textViewShouldEndEditing 與 textViewDidEndEditing 就會被呼叫了，如下圖。

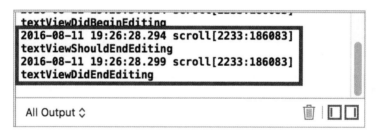

TextView 完整程式碼

範例程式：ViewController.swift

```swift
01  import UIKit
02
03  class ViewController: UIViewController,UITextViewDelegate{
04      @IBOutlet var textView: UITextView!
05
06      override func viewDidLoad() {
07          super.viewDidLoad()
08          // Do any additional setup after loading the view, typically from a nib.
09      }
10
```

```
11      override func didReceiveMemoryWarning() {
12          super.didReceiveMemoryWarning()
13          // Dispose of any resources that can be recreated.
14      }
15      func textViewDidBeginEditing(_ textView: UITextView) {
16          NSLog("textViewDidBeginEditing")
17      }
18      func textViewDidEndEditing(_ textView: UITextView) {
19          NSLog("textViewDidEndEditing")
20      }
21      func textViewShouldBeginEditing(_ textView: UITextView) -> Bool {
22          NSLog("textViewShouldBeginEditing")
23          return true
24      }
25      func textViewShouldEndEditing(_ textView: UITextView) -> Bool {
26          NSLog("textViewShouldEndEditing")
27          return true
28      }
29      func textView(_ textView: UITextView, shouldChangeTextIn range: NSRange,
30                      replacementText text: String) -> Bool {
31          if (text.isEqual("\n")) {
32              self.textView.resignFirstResponder()
33          }
34          return true
35      }
36  }
```

8

Slider

Slider 元件在調整 iPhone 畫面的亮度。越往右調整畫面會越亮,往左則是變暗,接著就以一個簡單的範例來介紹該元件如何操作。

該專案使用一個 Slider 與一個 UILabel 元件,UILabel 元件用來呈現 0 到 100 的數字,當 Slider 往右拖曳,數值會越大,反之越小,如下圖。

Step 1 建立 Single View Application 專案，專案名稱為 Slider。

Step 2 編輯 MainStoryboard

在元件庫中找到 Slider 元件與 Label 元件拖曳到 View 中，如下圖。Slider 元件在一開始加入畫面中，會比較短小，因此可以自行拖曳邊界點調整大小。

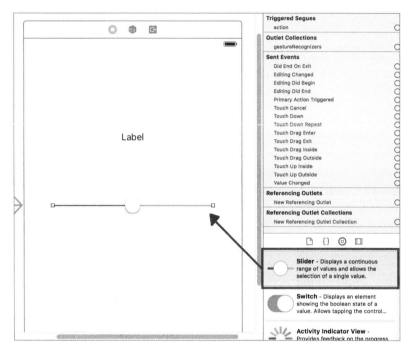

接著看到 Slider 的 Attribute Inspector 中有最大值與最小值，我們將最大值調整為 100，這樣在拖曳的過程中能夠看到 0~100 的變化。

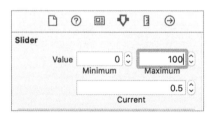

Step 3 編輯 ViewController.swift

加入以下程式碼

```
@IBOutlet weak var label: UILabel!
@IBOutlet weak var slider: UISlider!
@IBAction func sliderChange(_ sender: UISlider) { }
```

當 Slider 元件拖曳時會觸發 sliderChange:方法，它是要用來顯示 Slider 拖曳過程數值的變化。

Step 4 　編輯 ViewController.swift

```
@IBAction func sliderChange(_ sender: UISlider) {
    let currentValue = Int(slider.value)
    label.text = "\(currentValue)"
}
```

currentValue 變數是用來接收 slider 變化時的數值。

Step 5 　建立元件關連

找到 Outlets 欄位，將 slider 與 value 分別與 Slider、Label 元件建立關連；Received Actions 欄位中將 sliderChange:方法與 Slider 元件建立關連，觸發的事件選擇 Value Changed。

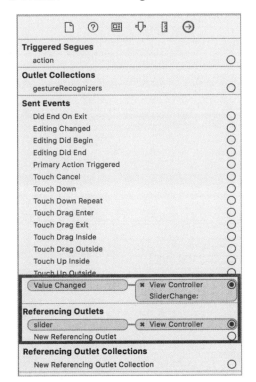
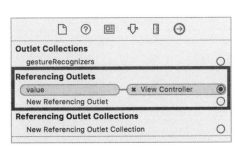

Step 6 編譯專案

value 成功的編譯專案後，試著拖曳 Slider，可以發現改變 Slider 的同時，Label 的數字也會跟著改變，如下圖。

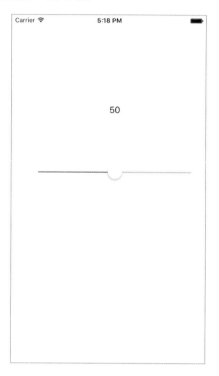

9
CHAPTER

UIAlertView

UIAlertView 相當於對話框，在 iPhone 上的使用並不多，通常是用來通知使用者有新訊息或是未接來電，主要讓使用者馬上注意到這段訊息，因此在通知中心，有這個選項可以讓開發者以對話框來設定提示訊息。而在元件庫中並沒有這個元件可以讓開發者加入，因此對話盒是需要使用程式碼來呼叫的。接下來開始建立第一個對話框吧。

之前有簡單的介紹 storyboard 的功能與便利性，因此後續的專案建置也都會是以 storyboard 的方式建立。

Step 1 建立一個 Single View Application

專案名稱命名為 Alert View。

Step 2 編輯 MainStoryboard.storyboard

開啟.storyboard 檔案，在介面中加入一個 Button， Button 的 Title 設定為 click。

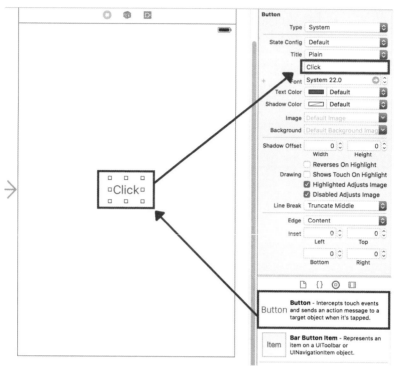

Step 3 編輯 ViewController.swift

可以透過輔助模式的幫助，建立一個 IBAction 的事件，操作的方式：按著 control + 滑鼠左鍵拖拉到 override 上方。IBAction 的 Connection 選擇 Action，名稱命名為 Alert，Type 選擇 UIButton。如下圖。

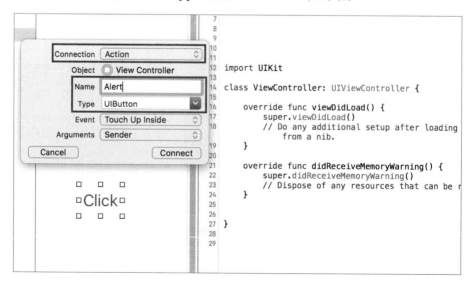

完成後，程式碼如下：

```
import  UIKit
class ViewController: UIViewController {
    @IBAction func Alert(_ sender: UIButton) {
}
```

Step 4 　繼續編輯 ViewController.swift

在 ViewController.swift 內找到自動幫我們加入好的 Alert 方法，並加入下列的程式碼。

```
@IBAction func Alert(_ sender: UIButton)  {
    let alert = UIAlertController(title: "Alert!", message: "Demo",
                                  preferredStyle: .alert)

    let action1 = UIAlertAction(title: "OK",
                                 style: UIAlertActionStyle.default) {
        (result : UIAlertAction) -> Void in
        print("OK")
    }
    let action2 = UIAlertAction(title: "Cancel",
                                 style: UIAlertActionStyle.default) {
        (result : UIAlertAction) -> Void in
        print("Cancel")
    }
    let action3 = UIAlertAction(title: "test_1",
                                 style: UIAlertActionStyle.default) {
        (result : UIAlertAction) -> Void in
        print("test_1")
    }
    let action4 = UIAlertAction(title: "test_2",
                                 style: UIAlertActionStyle.default) {
        (result : UIAlertAction) -> Void in
        print("test_2")
    }
    alert.addAction(action1)
    alert.addAction(action2)
    alert.addAction(action3)
    alert.addAction(action4)
```

```
        self.present(alert, animated: true, completion: nil)
    }
```

在每個 UIAlertAction 內可以定義按鈕的名
稱、樣式（.default、.cancel、.destructive），
以及每個按鈕所需執行的程式碼，在完成
後，透過 addAction 加入 UIAlertController
中。

當按下按鈕後，在除錯區域會顯示每個按鈕
印出的訊息，如右圖。

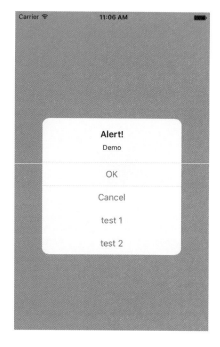

```swift
   @IBAction func Alert(_ sender: UIButton)  {

       let alert = UIAlertController(title: "Alert!", message: "Demo", preferredStyle: .alert)

       let action1 = UIAlertAction(title: "OK", style: UIAlertActionStyle.default) {
           (result : UIAlertAction) -> Void in
           print("OK")
       }
       let action2 = UIAlertAction(title: "Cancel", style: UIAlertActionStyle.default) {
           (result : UIAlertAction) -> Void in
           print("Cancel")
       }
       let action3 = UIAlertAction(title: "test_1", style: UIAlertActionStyle.default) {
           (result : UIAlertAction) -> Void in
           print("test_1")
       }
       let action4 = UIAlertAction(title: "test_2", style: UIAlertActionStyle.default) {
           (result : UIAlertAction) -> Void in
           print("test_2")
       }
       alert.addAction(action1)
       alert.addAction(action2)
       alert.addAction(action3)
       alert.addAction(action4)

       self.present(alert, animated: true, completion: nil)
   }
   override func viewDidLoad() {
       super.viewDidLoad()
```

```
OK
Cancel
test_1
test_2
```

對話框不只是能顯示按鈕跟文字訊息，也可以透過對話框來做登入帳號密碼的動作，接下來要在對話框內加入兩個 TextField 的欄位，讓使用者可以輸入帳號與密碼。

首先到 ViewController.swift 定義兩個 UITextField 類別的 account 與 password 變數。在帳號及密碼的欄位中，.placeholder 為固定欄位中的文字，在密碼欄位，需要使用 .secureTextEntry 為 true，這樣輸入的文字才會隱藏。

按下登入時要將我們輸入的帳號及密碼輸出，將 account 與 password 使用 NSLog 的方法印出：

```
@IBAction func Alert(_ sender: UIButton) {
    let loginAlert:UIAlertController = UIAlertController(
        title:  "Login",
        message: "Please Login",
        preferredStyle:  UIAlertControllerStyle.alert)
    loginAlert.addTextField(configurationHandler: {
        textfield  in
        textfield.placeholder = "Your account"  })
    loginAlert.addTextField(configurationHandler: {
        textfield  in
        textfield.placeholder = "Your password"
        textfield.isSecureTextEntry = true    })
    loginAlert.addAction(UIAlertAction(title: "Login", style:
                    UIAlertActionStyle.default,  handler:{
        alertAction  in
        let textFields:NSArray = loginAlert.textFields! as  NSArray
        let usernameTextfield:UITextField =
                    textFields.object(at: 0) as! UITextField
        let passwordTextfield:UITextField =
                    textFields.object(at: 1) as! UITextField
        NSLog("Account:  \(usernameTextfield.text)")
        NSLog("Password:  \(passwordTextfield.text)")
    }))
    loginAlert.addAction(UIAlertAction(title: "Logout", style:
                    UIAlertActionStyle.default,  handler:{ alertAction  in
        let textFields:NSArray = loginAlert.textFields! as  NSArray
        let usernameTextfield:UITextField =
                    textFields.object(at: 0) as! UITextField
        let passwordTextfield:UITextField =
```

```
                            textFields.object(at: 1) as! UITextField
            NSLog("Logout Success!  \(usernameTextfield.text)")
        }))
    self.present(loginAlert, animated: true, completion:  nil)
}
```

再次編譯專案，這時輸入帳號 Test，密碼 123456，最後按下 Login，可以看到 debug 區域印出帳號與密碼。

```
2016-08-09 11:17:37.967 MyFirstTest[1107:61275] Account:  Optional("Test")
2016-08-09 11:17:37.967 MyFirstTest[1107:61275] Password:  Optional("123456")
```

UIAlertView 完整程式碼（第一版）

📱 範例程式：ViewController.swift

```
01   import  UIKit
02   class ViewController: UIViewController  {
03       @IBAction func Alert(_ sender: UIButton)  {
04           let alert = UIAlertController(title: "Alert!",
05                   message: "Demo", preferredStyle: .alert)
06           let action1 = UIAlertAction(title: "OK",
07           style: UIAlertActionStyle.default) {
```

```
08          (result : UIAlertAction) -> Void in
09              print("OK")
10          }
11          let action2 = UIAlertAction(title: "Cancel", style:
12                                  UIAlertActionStyle.default) {
13              (result : UIAlertAction) -> Void in
14              print("Cancel")
15          }
16          let action3 = UIAlertAction(title: "test_1",
17                                  style:UIAlertActionStyle.default) {
18              (result : UIAlertAction) -> Void in
19              print("test_1")
20          }
21          let action4 = UIAlertAction(title: "test_2", style:
22                                  UIAlertActionStyle.default) {
23              (result : UIAlertAction) -> Void in
24              print("test_2")
25          }
26          alert.addAction(action1)
27          alert.addAction(action2)
28          alert.addAction(action3)
29          alert.addAction(action4)
30          self.present(alert, animated: true, completion: nil)
31      }
32      override func viewDidLoad() {
33          super.viewDidLoad()
34      }
35      override func didReceiveMemoryWarning() {
36          super.didReceiveMemoryWarning()
37          // Dispose of any resources that can be recreated.
38      }
39  }
```

UIAlertView 完整程式碼（第二版）

📑 範例程式：ViewController.swift

```
01  import UIKit
02  class ViewController: UIViewController  {
03      @IBAction func Alert(_ sender: UIButton) {
```

```
04        let loginAlert:UIAlertController = UIAlertController(
05            title: "Login",
06            message: "Please Login",
07            preferredStyle: UIAlertControllerStyle.alert)
08        loginAlert.addTextField(configurationHandler: {
09            textfield in
10            textfield.placeholder = "Your account" })
11        //框框內的文字, .placeholder 為固定欄位中的文字
12        loginAlert.addTextField(configurationHandler: {
13            textfield in
14            textfield.placeholder = "Your password"
15            textfield.isSecureTextEntry = true })
16        //框框內的文字,但將輸入文字改為私密(*) .secureTextEntry 為 true
17        loginAlert.addAction(UIAlertAction(title: "Login", style:
18                        UIAlertActionStyle.default, handler:{
19            alertAction in
20            let textFields:NSArray = loginAlert.textFields! as NSArray
21            let usernameTextfield:UITextField =
22                        textFields.object(at: 0) as! UITextField
23            let passwordTextfield:UITextField =
24                        textFields.object(at: 1) as! UITextField
25            NSLog("Account: \(usernameTextfield.text)")
26            NSLog("Password: \(passwordTextfield.text)")
27        }))
28        //將登入時所輸入的帳號密碼輸出在下方 Debug 區域
29        loginAlert.addAction(UIAlertAction(title: "Logout", style:
30                        UIAlertActionStyle.default, handler:{
31            alertAction in
32            let textFields:NSArray = loginAlert.textFields! as NSArray
33            let usernameTextfield:UITextField =
34                        textFields.object(at: 0) as! UITextField
35            let passwordTextfield:UITextField =
36                        textFields.object(at: 1) as! UITextField
37            NSLog("Logout Success! \(usernameTextfield.text)")
38        }))
39        self.present(loginAlert, animated: true, completion: nil)
40        //點擊 LogOut 在 Debug 區域出現 Logout Success
41    }
42    override func viewDidLoad() {
```

```
43          super.viewDidLoad()
44      }
45      override func didReceiveMemoryWarning() {
46          super.didReceiveMemoryWarning()
47          // Dispose of any resources that can be recreated.
48      }
49  }
```

10
CHAPTER

UIActionSheet

UIActionSheet 在 iPhone 中很常使用在讓使
用者選取要使用哪種動作,例如在 safari 的
網頁中按下一個按鈕來讓使用者選取要將該
網頁加入書籤、加入閱讀列表、加入主畫面
螢幕…等,如右圖。

UIActionSheet 在元件庫中也是無法看到有這個元件,因此還是需要透過程式
碼的方式來完成,接下來就用一個簡單的範例來完成吧!

Step 1 建立 Single View Application 的專案,專案名稱命名為 Action
Sheet。

Step 2 編輯 MainStoryboard.storyboard。

如同 Alert View 的範例，在 iPhone 介面中加入一個 Round Rect Button，並且由這個按鈕觸發 Action Sheet。如下圖。

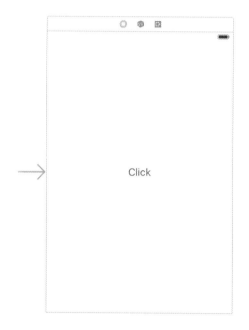

Step 3 編輯 ViewController. Swift

```swift
import  UIKit
class ViewController: UIViewController {
    @IBAction func actionSheet(_ Sender:  AnyObject) {
        let actionSheet = UIAlertController(title:"分享/刪除",  message:nil,
                        preferredStyle:  UIAlertControllerStyle.actionSheet)
        let deleteAction = UIAlertAction(title: "Delete",  style:
                        UIAlertActionStyle.destructive) {(ACTION) in
            print("Delete")
        }
        let facebookAction = UIAlertAction(title: "Facebook",  style:
                        UIAlertActionStyle.default) { (ACTION) in
            print("Facebook")
        }
        let twitterAction = UIAlertAction(title: "Twitter",  style:
                        UIAlertActionStyle.default) { (ACTION) in
            print("Twitter")
```

```
        }
        let cancelAction = UIAlertAction(title: "Cancel", style:
                      UIAlertActionStyle.cancel) {
              (ACTION) in print("Cancel")
        }
        actionSheet.addAction(deleteAction)
        actionSheet.addAction(facebookAction)
        actionSheet.addAction(twitterAction)
        actionSheet.addAction(cancelAction)
        self.present(actionSheet, animated: true, completion:  nil)
    }
  ……略
  }
```

加入一個 IBAction 的 actionSheet 方法，當按鈕觸發時會執行該方法。

首先宣告變數 actionSheet 來建立 UIAlertController，選擇 ActionSheet 類型。
接著宣告常數做為按鈕，在這裡我們宣告了四個常數 deleteAction、
facebookAction、twitterAction、cancelAction，各個按鈕中可以分別設定動作。

Step 4 建立按鈕與 IBAction 的關聯

在 ViewController.swift 中寫完 actionSheet 後，可以在程式碼的前方看到一個
空白的圓形圖案，如下圖，這代表這個 IBAction 方法還未跟按鈕元件做關連
(這個範例因為只有一個按鈕，所以這個 IBAction 的方法是要跟按鈕建立關
連)。

```
13          @IBAction func actionSheet(Sender: AnyObject){
```

actionSheet 並未與按鈕建立連結，如果執行專案時，按下按鈕不會有任何動
作。

開啟 Main.storyboard 檔案，在介面編輯的區域中，上方找到 ViewController，
並選取 ViewController，如下圖。

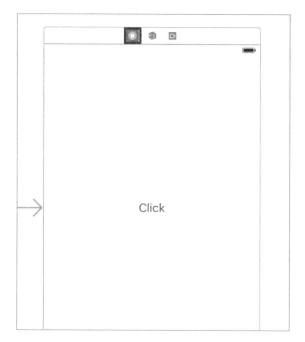

選取 View Contrller 後，在 Inspector 區域中選擇 Connections Inspector。

在下方中找到 Received Actions 選項，在
這個選項可以看到在 actionSheet 定義的方
法。看到右方也有一個空白的圓形圖案，
這代表這個方法並未與元件連接。如右
圖，接下來就是建立 actionSheet 與按鈕的
連結。

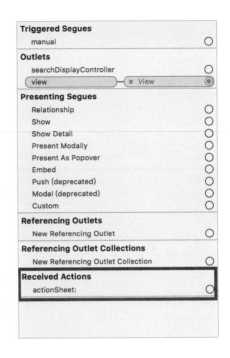

點選 Recevied Actions 內 actionSheet 方法
的圓型圖案，按住滑鼠拖拉的方式，會拉
出一條線，將這條線往按鈕拖曳，如下
圖。

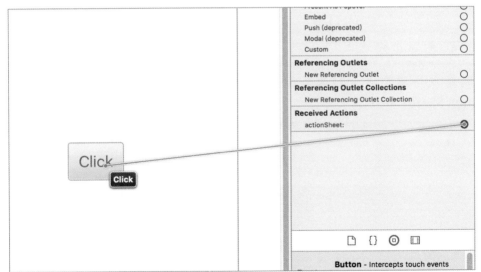

選擇到按鈕後，放開滑鼠，接著會跳出一個觸發事件視窗，可以選擇按鈕是
在什麼樣的情形下被觸發 actionSheet，此範例選擇「Touch Up Inside」，當
按鈕按下並且在按鈕的範圍內放開，如果不是在按鈕的範圍內放開，
actionSheet 方法將不會被觸發。

建立完關連後，再回頭看一下 Received Actions、ViewController.swift 檔的 actionSheet 方法的圓型圖案，這時都已經變成實心的圓型了。

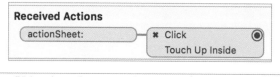

```
 ⊚ 13      @IBAction func actionSheet(Sender: AnyObject){
```

Step 5 編譯專案

這時候執行專案後，點選按鈕，就會出現 Action Sheet，如右圖。

執行專案後，點擊不同的按鈕，會在除錯區域可以輸出不同的文字訊息，如下圖。

完整程式碼

範例程式：ViewController.swift

```
01   import UIKit
02   class ViewController: UIViewController {
03       @IBAction func actionSheet(_ Sender: AnyObject){
04           let actionSheet = UIAlertController(title:"分享/刪除", message:nil,
05                       preferredStyle: UIAlertControllerStyle.actionSheet)
06           let deleteAction = UIAlertAction(title: "Delete", style:
07                       UIAlertActionStyle.destructive) {(ACTION) in
08               print("Delete")
09           }
10           let facebookAction = UIAlertAction(title: "Facebook", style:
11                       UIAlertActionStyle.default) { (ACTION) in
12               print("Facebook")
13           }
14           let twitterAction = UIAlertAction(title: "Twitter", style:
15                       UIAlertActionStyle.default) { (ACTION) in
16               print("Twitter")
17           }
18           let cancelAction = UIAlertAction(title: "Cancel", style:
19                       UIAlertActionStyle.cancel) { (ACTION) in
20               print("Cancel")
21           }
22           actionSheet.addAction(deleteAction)
23           actionSheet.addAction(facebookAction)
```

```
24        actionSheet.addAction(twitterAction)
25        actionSheet.addAction(cancelAction)
26        self.present(actionSheet, animated: true, completion:  nil)
27    }
28    override func viewDidLoad() {
29        super.viewDidLoad()
30        // Do any additional setup after loading the view, typically from a nib.
31    }
32    override func didReceiveMemoryWarning() {
33        super.didReceiveMemoryWarning()
34        // Dispose of any resources that can be recreated.
35    }
36 }
```

11

Segmented Control

Segmented Control 最經典的應用就是在行事曆的日、月、週切換，呈現的資料會根據日、月、週來分別呈現，接著使用 Segmented Control 來切換 Image View 呈現不同的圖片。

Step 1 建立 Single View Application 專案，專案名稱為 Segmented Control

Step 2 編輯 Main.storyboard。

在元件庫中找到 Segmented Control 與 Image View 拖曳到 View 中，Segmented Control 預設的話只有兩個按鈕，這是可以更改的。

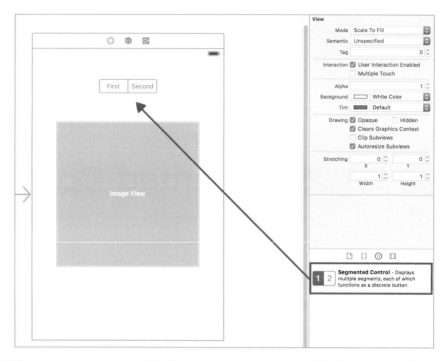

選取到 Segmented Control 並到 Attribute Inspector 可看到 Segments 欄位，預設值為 2，在此改為 3；接著就在多產生一個，可以選取下方的 Segment 欄位，並選取到最後一個「Segment 2」，並在 Title 設定為「Third」，如下圖。

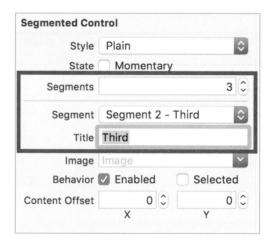

完成設定後，會變成如下圖的樣子。

Step 3　編輯 ViewController.swift

加入以下程式碼

```
@IBOutlet weak var segmented: UISegmentedControl!
@IBOutlet weak var imageView: UIImageView!
@IBAction func segmentedChange(_ sender: UISegmentedControl) {}
```

當 Segmented Control 點選時透過 segmentedChange: 該方法來切換圖片。

Step 4　繼續編輯 ViewController.swift

```
override func viewDidLoad() {
    super.viewDidLoad()
    imageView.image = UIImage (named:"1.jpg")
}
```

為了讓在 App 一進入時可以看到圖片，在 viewDidLoad 方法內先定義一個 UIImage 類別的 img 變數，指定圖片為 1.jpg，並將圖片指定給 imageView。

```
@IBAction func segmentedChange(_ sender: UISegmentedControl) {
    switch segmented.selectedSegmentIndex{
    case 0:
        imageView.image = UIImage(named:"1.jpg")
    case 1:
        imageView.image = UIImage(named:"2.jpg")
    case 2:
        imageView.image = UIImage(named:"3.jpg")
    default:
        imageView.image = UIImage(named:"1.jpg")
    }
}
```

selectedSegmentIndex 是用來取得　Segmented Control 點選了第幾個按鈕，取得到點選的是哪一個按鈕後，透過 switch 的方式個別指定不同的 UIImage 給 imgeView。

Step 5 建立關連

建立 Outlets 與 Received Actions 與元件之間的關聯，Segmented Control 的觸發事件選取 Value Change。

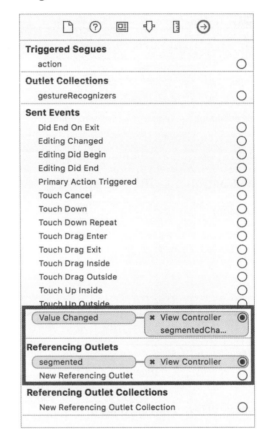

Step 6　編譯專案

成功編輯專案後，透過 Segmented Control 可以切換不同的圖片。

Segmented-Control 完整程式碼

範例程式：ViewController.swift

```
01  import UIKit
02  class ViewController: UIViewController {
03      @IBOutlet weak var segmented: UISegmentedControl!
04      @IBOutlet weak var imageView: UIImageView!
05      @IBAction func segmentedChange(_ sender: UISegmentedControl) {
06          switch segmented.selectedSegmentIndex{
07          case 0:
08              imageView.image = UIImage(named:"1.jpg")
09          case 1:
10              imageView.image = UIImage(named:"2.jpg")
11          case 2:
```

```
12              imageView.image = UIImage(named:"3.jpg")
13          default:
14              imageView.image = UIImage(named:"1.jpg")
15          }
16      }
17      override func viewDidLoad() {
18          super.viewDidLoad()
19          imageView.image = UIImage(named:"1.jpg")
20      }
21      override func didReceiveMemoryWarning() {
22          super.didReceiveMemoryWarning()
23          // Dispose of any resources that can be recreated.
24      }
25  }
```

12

PageControl & UIImageView

UIPageControl 在 iPhone 中將使用者安裝的眾多 App 應用程式，有如一個分頁一個分頁的管理，這樣的設計上讓使用者可以很清楚的知道，自己安裝的 App 是在哪一個分頁，可以幫助我們快速找到他。接下來以圖片的切換方式來操作 PageControl。

Step 1 建立 Single View Application 專案，專案名稱為 PageControl。

首先請自行準備 3 張 320*480 的圖片檔案，並且加入到專案資料夾。

Step 2 編輯 MainStoryboard.storyboard。

先將 View 的背影顏色設定為黑色，接著加入 3 個 ImageView 元件，下方留一點空間好讓 Page Control 可以看到，如下圖。ImageView 是重疊在一起，所以很難看出，但是由下圖可看到 View 元件內有 3 個 ImageView 與一個 Page Control。

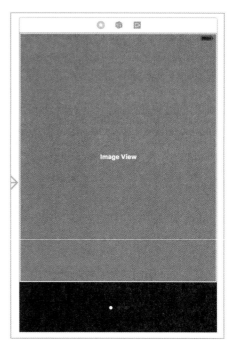

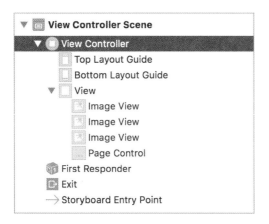

接著一個一個點選 Image View 看
到 Attribute Inspector 的 Image 欄
位，設定該 Image View 要呈現的
圖片為何，如果已經將圖片加入到
專案，可以找到該圖片的檔案名
稱，在此依序使用 1.jpg、2.jpg、
3.jpg 檔案加入。

加入完後可看到 Image View 會出
現相對應的圖片，如右圖。

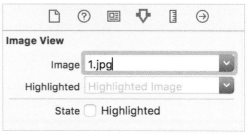

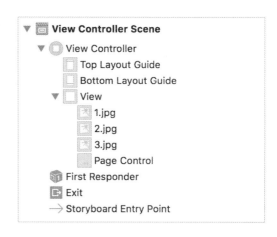

Step 3　編輯 ViewController.swift

```swift
import UIKit
class ViewController: UIViewController {
    @IBOutlet var imageView1: UIImageView!
    @IBOutlet var imageView2: UIImageView!
    @IBOutlet var imageView3: UIImageView!
    @IBOutlet var pageControl: UIPageControl!
    @IBAction func pageChange(_ sender: AnyObject) {
    }
    ...
}
```

建立 3 個 UIImageView 的類別變數與一個 UIPageControl 類別的變數，這四個類別變數前面已經都定義為 IBOutlet，因此後續需要將元件與它們建立關連；pageChange:方法是 Page Control 被觸發時，會改變畫面顯示的圖案。

Step 4　繼續編輯 ViewControll.swift

```swift
@IBAction func pageChange(_ sender: AnyObject) {
    switch pageControl.currentPage {
    case 0:
        view.addSubview(imageView1)
        imageView2.removeFromSuperview()
        imageView3.removeFromSuperview()
    case 1:
        view.addSubview(imageView2)
        imageView1.removeFromSuperview()
        imageView3.removeFromSuperview()
    case 2:
        view.addSubview(imageView3)
        imageView1.removeFromSuperview()
        imageView2.removeFromSuperview()
    default:
        break
    }
}
```

pageControl.currentPage 可以取得 Page Control 目前的頁數為多少，起始頁是從 0 開始，使用 switch 的方式判斷目前的頁數是多少，例如當 case 為 0 時，使用 addSubview 將 imageView1 加入，removeFromSuperview 移除另外兩個 ImageView，以此類推。

Step 5　建立關連

將 ImageView 與 PageControl 各自與 Outlets 出現的欄位對應做連結；Received Actions 與 Page Control 做連結，觸發事件選擇 Value Changed。

編譯專案，點選 Page Control 圖片會依序做變化，這邊或許會有個疑問，在 iPhone 中不是都是使用手指拖曳的方式進行變化的！在這怎麼只能透過點選 Page Control 的方式改變圖片的呈現。

要達到上述的功能可以藉由下一章 Scroll View 來達成。

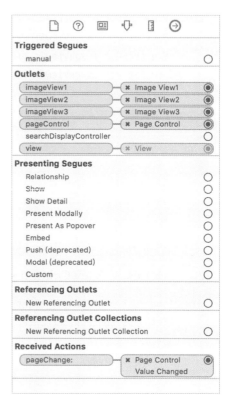

PageControl 完整程式碼

範例程式：ViewController.swift

```
01  import UIKit
02  class ViewController: UIViewController {
03      @IBOutlet var imageView1: UIImageView!
04      @IBOutlet var imageView2: UIImageView!
05      @IBOutlet var imageView3: UIImageView!
06      @IBOutlet var pageControl: UIPageControl!
07      @IBAction func pageChange(_ sender: AnyObject) {
08          switch pageControl.currentPage {
09          case 0:
10              view.addSubview(imageView1)
11              imageView2.removeFromSuperview()
12              imageView3.removeFromSuperview()
13              break
14          case 1:
15              view.addSubview(imageView2)
16              imageView1.removeFromSuperview()
17              imageView3.removeFromSuperview()
18              break
19          case 2:
20              view.addSubview(imageView3)
21              imageView1.removeFromSuperview()
22              imageView2.removeFromSuperview()
23              break
24          default:
25              break
26          }
27      }
28      override func viewDidLoad() {
29          super.viewDidLoad()
30          // Do any additional setup after loading the view, typically from a nib.
31      }
32      override func didReceiveMemoryWarning() {
33          super.didReceiveMemoryWarning()
34          // Dispose of any resources that can be recreated.
35      }
36  }
```

13
CHAPTER

Scroll View

延續 Page Control 的範例，透過 Scroll View 的方式可以使用手指拖曳切換畫面的範例。

Step 1 建立新的 Single View Application 專案，專案名稱為 Page Control2。

Step 2 編輯 Main.storyboard

除了加入 3 個 ImageView 與 1 個 Page Control，再多加入一個 Scroll View 元件，如下圖。先前 ImageView 是使用 Attribute Inspector 設定圖片 Image 的，接下來使用程式碼的方式將圖片指定給 ImageView。

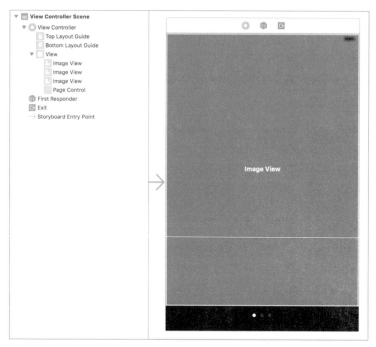

Step 3 編輯 ViewController.swift

```swift
import UIKit

class ViewController: UIViewController, UIScrollViewDelegate {
    @IBOutlet var imageView1: UIImageView!
    @IBOutlet var imageView2: UIImageView!
    @IBOutlet var imageView3: UIImageView!
    @IBOutlet var scroll: UIScrollView!
    @IBOutlet var pageControl: UIPageControl!
    let fullScreenSize = UIScreen.main.bounds.size
    ...
}
```

這 裡 多 定 義 了 UIPageControl 類 別 的 pageControl 變 數 ， 並 且 在 ViewController 後面多繼承一個 UIScrollViewDelegate 的協定，因為後面需要 使用該協定提供的方法，原本的 pageChange: 方法已經可以由 ScrollView 取 代，所以不需要撰寫，而 fullScreenSize 為取得裝置螢幕畫面大小的變數。

Step 4　繼續編輯 ViewController.swift

```swift
override func viewDidLoad() {

    super.viewDidLoad()
    // Do any additional setup after loading the view, typically from a nib.
    let img1 = UIImage(named:"1.jpg")
    let img2 = UIImage(named:"2.jpg")
    let img3 = UIImage(named:"3.jpg")

    imageView1 = UIImageView(image:img1)
    imageView2 = UIImageView(image:img2)
    imageView3 = UIImageView(image:img3)

    imageView1.frame = CGRect(x: 0, y: 20,
            width: fullScreenSize.width, height: fullScreenSize.height-80)
    imageView2.frame = CGRect(x: fullScreenSize.width, y: 20,
            width: fullScreenSize.width, height: fullScreenSize.height-80)
    imageView3.frame = CGRect(x: fullScreenSize.width*2, y: 20,
            width: fullScreenSize.width, height: fullScreenSize.height-80)
    self.imageView1.contentMode = UIViewContentMode.scaleToFill
    self.imageView2.contentMode = UIViewContentMode.scaleToFill
    self.imageView3.contentMode = UIViewContentMode.scaleToFill

    var imgArray: Array<UIImageView> = [imageView1,imageView2,imageView3]

    // scrollView setting
    scroll = UIScrollView(frame: view.bounds)

    scroll.isPagingEnabled = true

    for i in 0 ..< imgArray.count {
        self.scroll.addSubview(imgArray[i])
    }

    scroll.contentSize = CGSize(width: fullScreenSize.width*3,
                                height: fullScreenSize.height)
    scroll.delegate = self
```

```
    self.view.addSubview(scroll)

    pageControl.numberOfPages = 3
    pageControl.currentPage = 0

    pageControl.addTarget(self,
        action: #selector(ViewController.pageChanged), for: .valueChanged)
}
```

定義 3 個 UIImage 類別，代表著是 1.jpg、2.jpg、3.jpg，定義完這 3 張圖片後再將這 3 張圖片使用 image:的方法將圖片指定給 UIImageView。

手勢滑動的方式是左右滑動來切換圖片的畫面，因此 UIImageView 是往右堆疊過去，可由下圖來表示，第一張圖片的位置是(0, 20)，第二張圖片是放在畫面外的地方(X, 0)，X 為裝置的畫面大小，也就是在旁等待，當手指往左拖曳時，第二張圖片就會顯示在畫面中，第一張圖片就會往左移動出畫面，當有越多張圖片時，ImageView 的位置也就是以此類推的方式擺放。

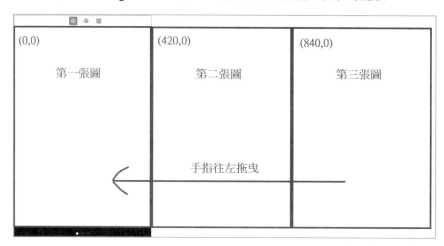

contentMode 是設定 UIImageView 呈現圖片的模式，UIViewContentMode.ScaleToFill 是不管圖片的大小，將圖片塞滿整個 ImageView 的範圍，因此這樣圖片可能會造成變形，但這邊先不考慮這問題。

畫面切換的部分可透過 Scroll View 這個元件達成，因此 ImageView 需加入到 Scroll View 內，在這裡使用陣列的方式將 Image View 一個一個加入到 Scroll View 內。最後設定 scroll 的寬與高，3 張圖片所以是畫面寬度*3，高則都是固定的，並且將 scroll 的 delegate 指定為 self 也就是 ViewController。

Step 5 　編輯 ViewController.swift

```swift
func scrollViewDidEndDecelerating(_ scrollView: UIScrollView) {
    let page = Int(scrollView.contentOffset.x / scrollView.frame.size.width)
    pageControl.currentPage = page
}
```

這段程式碼的用意在於，當滑動畫面後，pageControl 元件的點會跟著移動，提示使用者目前是第幾張圖片。

Step 6 　建立關連

在建立關連前請先選取 Scroll View 元件，並看到 Attribute Inspector。將垂直與水平的 Scrollers 隱藏起來，因此將 Shows Horizontal Scrollers、Shows Vertical Scrollers 兩個選項取消勾選。

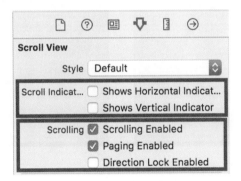

將 Paging Enabled 勾選起來，因為拖曳切換畫面，要讓使用者拖曳超過畫面的一半就會自動切換，所以需要將此項勾選起來。

之後將 imageView1, imageView2, imageView3, pageControl, scroll 變數建立關連。

Step **7** 編譯專案

這時編譯專案，在模擬器中用滑鼠按住畫面，並向左拖曳即可切換畫面。

Scroll View 完整程式碼

範例程式：ViewController.swift

```
01    import UIKit
02    class ViewController: UIViewController, UIScrollViewDelegate {
03        @IBOutlet var imageView1: UIImageView!
04        @IBOutlet var imageView2: UIImageView!
05        @IBOutlet var imageView3: UIImageView!
06        @IBOutlet var scroll: UIScrollView!
07        @IBOutlet var pageControl: UIPageControl!
08        let fullScreenSize = UIScreen.main.bounds.size
09        override func viewDidLoad() {
10            super.viewDidLoad()
11            // Do any additional setup after loading the view, typically from a nib.
12            let img1 = UIImage(named:"1.jpg")
13            let img2 = UIImage(named:"2.jpg")
```

```
14          let img3 = UIImage(named:"3.jpg")
15
16          imageView1 = UIImageView(image:img1)
17          imageView2 = UIImageView(image:img2)
18          imageView3 = UIImageView(image:img3)
19
20          imageView1.frame = CGRect(x: 0, y: 20,
21              width: fullScreenSize.width, height: fullScreenSize.height-80)
22          imageView2.frame = CGRect(x: fullScreenSize.width, y: 20,
23              width: fullScreenSize.width, height: fullScreenSize.height-80)
24          imageView3.frame = CGRect(x: fullScreenSize.width*2, y: 20,
25              width: fullScreenSize.width, height: fullScreenSize.height-80)
26          self.imageView1.contentMode = UIViewContentMode.scaleToFill
27          self.imageView2.contentMode = UIViewContentMode.scaleToFill
28          self.imageView3.contentMode = UIViewContentMode.scaleToFill
29
30          var imgArray: Array<UIImageView> =
31                              [imageView1,imageView2,imageView3]
32
33          // scrollView setting
34          scroll = UIScrollView(frame: view.bounds)
35
36          scroll.isPagingEnabled = true
37
38          for i in 0 ..< imgArray.count {
39              self.scroll.addSubview(imgArray[i])
40          }
41
42          scroll.contentSize = CGSize(width: fullScreenSize.width*3,
43                              height: fullScreenSize.height)
44          scroll.delegate = self
45
46          self.view.addSubview(scroll)
47      }
48    func scrollViewDidEndDecelerating(_ scrollView: UIScrollView) {
49          let page =
50              Int(scrollView.contentOffset.x / scrollView.frame.size.width)
51          pageControl.currentPage = page
52      }
```

```
53      override func didReceiveMemoryWarning() {
54          super.didReceiveMemoryWarning()
55          // Dispose of any resources that can be recreated.
56      }
57  }
```

14
CHAPTER

Map View

Map View 經常在尋找定位或是路線的導覽中看到，而地圖又有三種模式可以切換，二話不說，接著就使用一個簡單的範例來實作一次。

Segmented 如下圖，可以透過它來切換地圖的模式。

這邊的 Segmented 跟前面的範例有點不一樣，是因為這邊的 Segmented 是放在 Tool Bar 裡面；在 Segmented 的右方可以看到一個 Bar Button Item，是用來定位，可以取得目前您所在的位置。

Step 1 建立 Single View Application 專案，專案名稱為 MapView。

Step 2 編輯 Main.storyboard

該專案會使用到比較多元件，先來整理一下，該專案會使用到以下幾個元件：

1. Toolbar
2. Segmented Control
3. Bar Button Item
4. Flexible Space Bar Button Item
5. MapKit View

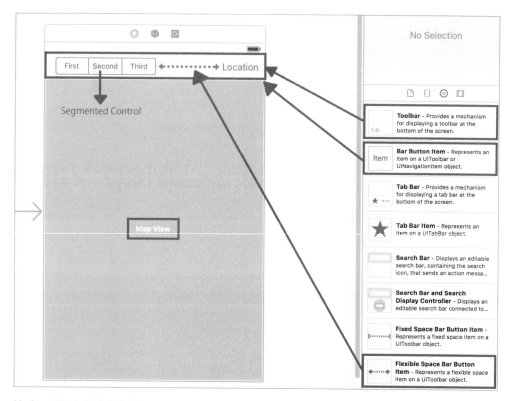

其中可能比較陌生的是 Flexible Space 這個元件，這個元件是用來調整 Tool bar 內按鈕的位置！如上圖，將 Flexible Space 拖曳到 Segmented 與 Bar Button Item 中間，這兩個元件就會各自往左右頂開。

Step 3 加入 MapKit Framework

使用 Map View 就必須藉由 MapKit Framework 的協助。在檔案瀏覽的區域選取專案，接著在編輯區選擇 TARGETS，右方選擇 General 分頁，在這個分頁往下找，可以看到一個 Linked Frameworks and Libraries 欄位，並點選下方的加號，如下圖：

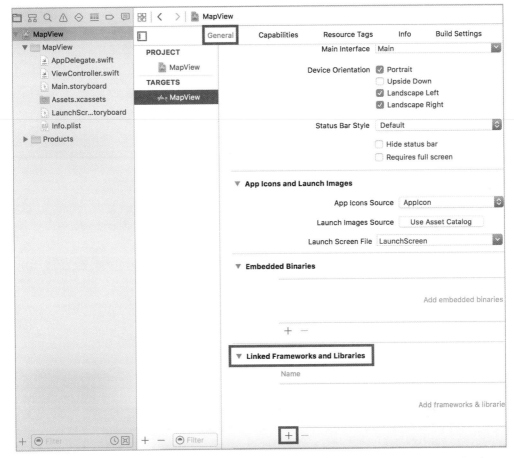

這時會跳出一個對話視窗，裡面有需多的 Framework 可以使用，在搜尋欄位輸入 MapKit，這時就可以看到 MapKit.Framework，最後點選 Add 即可。

接下來開始編輯程式碼，透過程式碼的方式來控制 Map View 的切換以及顯示目前的定位位置在哪。

Step 4　編輯 ViewController.swift

```swift
import UIKit
import MapKit
class ViewController: UIViewController {
    @IBOutlet var mapView: MKMapView!
    @IBOutlet var segmented: UISegmentedControl!
    @IBAction func showLocation(_ sender: AnyObject) { }
    @IBAction func changeMapType(_ sender: AnyObject) { }
```

```
    ...
  }
```

加入了 MapKit Framework，在程式碼中需要使用 import 將 MapKit 引入，這樣才能操控 MapView；showLocation:是當 User Location 按鈕按下時會執行，並且顯示您目前的位置，changeMapType: 是 Segmented 按下時會執行，並且切換地圖的模式。

Step 5 繼續編輯 ViewController.swift

```
@IBAction func showLocation(_ sender: AnyObject) {
    self.mapView.showsUserLocation = true
}
```

要顯示目前定位的位置，只要將 mapView 的 showUserLocation 指定為 true 就可以啟用該服務。

```
@IBAction func changeMapType(_ sender: AnyObject) {
    switch segmented.selectedSegmentIndex{
    case 0:
        mapView.mapType = MKMapType.standard
    case 1:
        mapView.mapType = MKMapType.satellite
    case 2:
        mapView.mapType = MKMapType.hybrid
    default:
        mapView.mapType = MKMapType.hybrid
    }
}
```

變換地圖模式藉由 switch 來達成，由 Segmented 的 selectedSegmentIndex 取得按下第幾個 Segmented 中的按鈕，再交由 switch 來做 MapView 的變換。而 MapView 的 模式 (mapType)有三類，分別為 MKMapType.standard、MKMaptype.satellite 及 MKMaptype.hybrid。

Standard　　　　　　　Satelllite　　　　　　　Hybrid

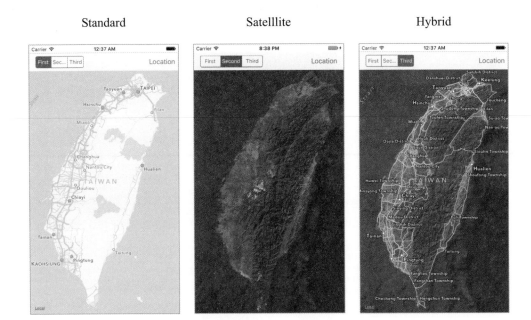

Step 6　建立關連與編譯專案

接著點選 Main.storyboard 模擬器上方的 ViewController，將元件與 Outlet、Recevied Actions 建立關連。建立關連之後可以在模擬器上做任意的地圖模式切換。

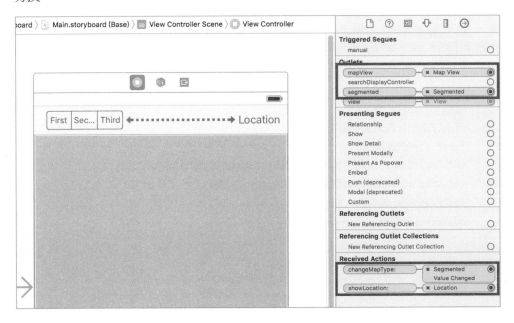

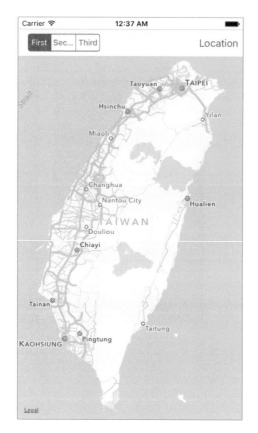

在 App 一載入，可以設定一個位置，讓他顯示在那個位置上，例如 101 大樓，首先查詢 101 大樓的經度和緯度，根據這個地址「110 台北市信義區信義路五段 7 號」查詢得到的結果是緯度：25.033194、經度：121.564837。繼續沿用原本的專案修改程式碼。

Step 1 編輯 ViewController.swift

```swift
override func viewDidLoad() {
    super.viewDidLoad()
    let location = CLLocationCoordinate2DMake(25.033194, 121.564837)
    let span = MKCoordinateSpanMake(0.001, 0.001)
    let region = MKCoordinateRegion(center: location, span: span)
    mapView.setRegion(region, animated: true)
}
```

MKCoordinateRegion 表示地圖上某區域，CLLocationCoordinate2D 代表某個標的物，而我們將經緯度指定給 CLLocationCoordinate2D 這類別的 location 變數，最後再將這標的物指定給 MKCoordinateRegion，就可顯示該區域；但是顯示該區域，但是地圖的縮放並沒有指定！

因此 MKCoordinateSpan 類別是用來指定經緯度的縮放，當數字越小，表示可以看到的道路越細。再次編譯專案後就可以看到信義路五段與松智路交叉路口，其實也就是台北 101 的位置，但目前 Apple 的地圖還沒有 Google 地圖完整，所以有些資訊在上面無法看到。

在 MapView 還有一個很常用到就是標記與註記的功能接下來就在台北 101 做一個大頭釘標記並給予註記。所以需要在回到 ViewController.swift 的 viewDidLoad 方法內去做編輯。

Step 2 　繼續編輯 ViewController.swift

```swift
override func viewDidLoad() {
    super.viewDidLoad()
    ...
    let annotation = MKPointAnnotation()
    annotation.coordinate = location
    annotation.title = "Taipei101"
    mapView.addAnnotation(annotation)
}
```

標記需透過 MKPointAnnotation 類別來完成，將上面指定台北 101 位置的 location 給予 Coordinate，Title 設定標記的註記名稱為「Taipei 101」，最後在 mapView 使用 addAnnotation 將標記加入到 MapView 上。編譯完成後，在模擬器上就可以看到標記大頭釘，點選一下大頭釘可以看到「Taipei 101」的註記，如右圖。

MapView 完整程式碼

範例程式：ViewController.swift

```
01   import UIKit
02   import MapKit
03   class ViewController: UIViewController {
04       @IBOutlet var mapView: MKMapView!
05       @IBOutlet var segmented: UISegmentedControl!
06       @IBAction func showLocation(_ sender: AnyObject) {
07           self.mapView.showsUserLocation = true
08       }
09       @IBAction func changeMapType(_ sender: AnyObject) {
10           switch segmented.selectedSegmentIndex{
11           case 0:
12               mapView.mapType = MKMapType.standard
13           case 1:
14               mapView.mapType = MKMapType.satellite
15           case 2:
16               mapView.mapType = MKMapType.hybrid
17           default:
```

```
18          mapView.mapType = MKMapType.hybrid
19       }
20    }
21    override func viewDidLoad() {
22        super.viewDidLoad()
23        let location = CLLocationCoordinate2DMake(25.033194, 121.564837)
24        let span = MKCoordinateSpanMake(0.001, 0.001)
25        let region = MKCoordinateRegion(center: location, span: span)
26        mapView.setRegion(region, animated: true)
27        let annotation = MKPointAnnotation()
28        annotation.coordinate = location
29        annotation.title = "Taipei101"
30        mapView.addAnnotation(annotation)
31    }
32    override func didReceiveMemoryWarning() {
33        super.didReceiveMemoryWarning()
34        // Dispose of any resources that can be recreated.
35    }
36 }
```

15

CHAPTER

Accelerometer

Accelerometer(加速器) 在 iPhone 上是一個很重要的東西，舉凡是 iPhone 旋轉時，畫面跟著旋轉，或是指針羅盤等等，這些都是透過 iPhone 內的 Accelerometer。而 iPhone 的加速器有三個座標 x, y, z 可由下圖看到，當 iPhone 在轉動時，x, y, z 三軸的值都是一直在變動的。

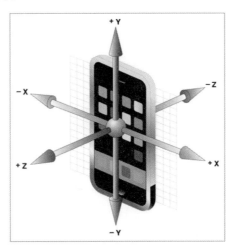

接下來建立一個專案使用 Label 元件來觀察三軸 x,y,z 的變動。

Step 1 建立 Single View Application 專案，專案名稱為 Accelerometer。

Step 2 編輯 Main.storyboard。

如下圖，在 View 元件當中加入 6 個 Label 元件，其中有三個是固定的值用來標示 X, Y, Z，三軸之後的 Label 元件變化數值。

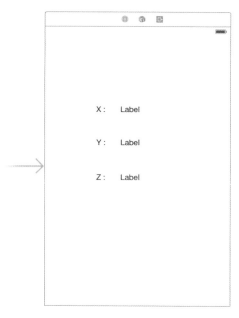

Step 3 編輯 ViewController.swift

```swift
import UIKit
import CoreMotion
class ViewController: UIViewController, UIAccelerometerDelegate {
    @IBOutlet weak var labelX: UILabel!
    @IBOutlet weak var labelY: UILabel!
    @IBOutlet weak var labelZ: UILabel!
    let accelerometer : UIAccelerationValue = 0.0
    let manager = CMMotionManager()
    ...
}
```

這邊需注意到的是，在 UIViewController 後需加上 UIAccelerometerDelegate 這個協定，以及匯入 CoreMotion 模組。

Step 4　繼續編輯 ViewController.swift

```swift
override func viewDidLoad() {
    super.viewDidLoad()
    if manager.isAccelerometerAvailable {
        manager.startAccelerometerUpdates(to: OperationQueue.main,
            withHandler: { (CMAccelerometerData, NSError) in
            self.labelX.text = "\(CMAccelerometerData!.acceleration.x)"
            self.labelY.text = "\(CMAccelerometerData!.acceleration.y)"
            self.labelZ.text = "\(CMAccelerometerData!.acceleration.z)"
        })
    } else {
        print("Accelerometer is not available")
    }
}
```

這方法很簡單，只需個別定義 labelX、labelY、labelZ 這三個 UILabel 元件的值，而這三個的值分別是根據 acceleration.x、acceleration.y、acceleration.z 取得的。

Step 5　建立關連與編譯專案

這邊僅需將 Label 元件與 IBOutlet 建立關連，如下圖。

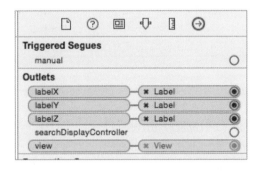

此專案需要透過實體裝置才能使用 Accelerometer；將該專案佈置到實體裝置後，開啟該專案 App，可看到 x, y, z 隨著裝置的轉動數字也會跟著一直改變，如右圖：

●●●●○ 中華電信 🛜	下午4:50　　🔄 34%🔋⚡

X:	-0.02752685546875
Y:	-0.634048461914062
Z:	-0.778060913085938

Accelerometer 完整程式碼

📘 範例程式：ViewController.swift

```swift
01  import UIKit
02  import CoreMotion
03
04  class ViewController: UIViewController, UIAccelerometerDelegate {
05
06      @IBOutlet weak var labelX: UILabel!
07      @IBOutlet weak var labelY: UILabel!
08      @IBOutlet weak var labelZ: UILabel!
09      let accelerometer : UIAccelerationValue = 0.0
10      let manager = CMMotionManager()
11      override func viewDidLoad() {
12          super.viewDidLoad()
13          if manager.isAccelerometerAvailable {
14              manager.startAccelerometerUpdates(to: OperationQueue.main,
15                  withHandler: { (CMAccelerometerData, NSError) in
```

```
16              self.labelX.text = "\(CMAccelerometerData!.acceleration.x)"
17              self.labelY.text = "\(CMAccelerometerData!.acceleration.y)"
18              self.labelZ.text = "\(CMAccelerometerData!.acceleration.z)"
19          })
20      } else {
21          print("Accelerometer is not available")
22      }
23  }

25  override func didReceiveMemoryWarning() {
26      super.didReceiveMemoryWarning()
27      // Dispose of any resources that can be recreated.
28  }
29 }
```

16
CHAPTER

Web View

Web View 是 iPhone 提供的網頁元件，如果你的 App 需要瀏覽網頁的資料，可以透過 Web View 的元件來幫忙，目前也有許多人的作法是將服務開發在網頁上，這樣的好處是，如果已經熟悉網頁開發的工程師，可以在短時間以網頁的方式開發，在 App 內則使用 Web View 開啟該服務的網址即可，目前最出名的社群 Facebook App、Google iOS 版的 Chrome 瀏覽器也都是透過 Web View 的方式開發，但是這會有些限制，因為 iOS 提供的 Web View 對於 HTML 5 的支援度沒有很高，效能上會有些限制，因此現在許多人使用 Facebook 會發覺反應上很慢。

接下來的範例簡單的介紹 Web View 如何開啟網頁。

Step 1 建立 Single View Application 專案，專案名稱為 Web View。

Step 2 編輯 MainStoryboard.storyboard

從元件庫中找到 Web View 並拖曳到 View 畫面中填滿整個畫面，如下圖。

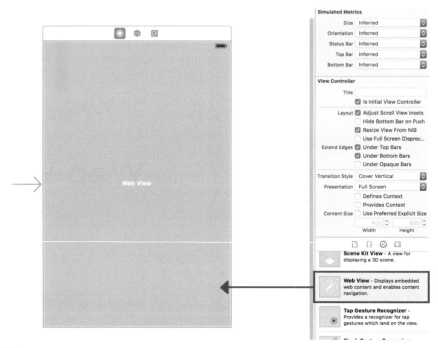

Step 3 編輯 ViewController.swift

```
import UIKit
class ViewController: UIViewController {
    @IBOutlet weak var webView: UIWebView!
    ...
}
```

在此僅需定義 UIWebView 的類別變數 webView。

Step 4 繼續編輯 ViewController.swift

```
override func viewDidLoad() {
    super.viewDidLoad()
    let url = URL (string: "https://www.google.com");
    let urlRequest = URLRequest(url: url!);
    webView.loadRequest(urlRequest);
}
```

在 App 一進入時，就希望 Web View 會自動載入網頁的結果，所以該方法內
容撰寫在 viewDidLoad 內。首先定義要載入的網址為 Goolge 的網址，因此將
網址以 NSString 的類別建立 urlString 變數；使用 NSURL 類別將網址指定給

url 變數，再使用 NSURLRequest 類別取得 url 網址的回應，最後使用 loadRequest 載入 urlRequest 取得的網頁資料內容。

Step 5　建立關連與編譯專案

該專案僅取建立 Outlets 的連結，如右圖。
在編譯專案前，請確認該電腦的網路是可通
的，不然 Web View 會因為沒有網路，畫面
會完全空白的。

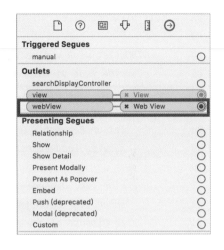

開啟模擬器後，等待一下網路載入的時間，
接著網頁的畫面就會呈現在模擬器上了如右
圖。

既然 Web View 可以開啟網頁，那這樣我們
就可以自己撰寫一個簡單的網頁瀏覽器，接
下來還需要使用 Toolbar(工具列)、Bar
Button Item(工具列按鈕)透過這兩個元件可
以建立網頁基本的「返回上頁」、「返回下
頁」、「重新整理」，Text Field 文字輸入
欄位用來輸入網頁網址；當網頁在載入時，
通常都會出現一個載入的動畫圖型，這個可
以透過 Activity Indicator View 來達成。下
面的章節就來完成一個簡單網頁瀏覽器。

Web View 完整程式碼

範例程式：ViewController.swift

```
01   import UIKit
02   class ViewController: UIViewController {
03
04       @IBOutlet weak var webView: UIWebView!
05       override func viewDidLoad() {
06           super.viewDidLoad()
07           let url = URL (string: "https://www.google.com");
08           let urlRequest = URLRequest(url: url!);
09           webView.loadRequest(urlRequest);
10       }
11       override func didReceiveMemoryWarning() {
12           super.didReceiveMemoryWarning()
13           // Dispose of any resources that can be recreated.
14       }
15   }
```

17

Toolbar &
Activity Indicator View

Toolbar 是用來放置一個或多個 Toolbar Item 按鈕的區塊，如 Safari 最下方的
那一區域：

這個範例是要建立一個簡單的網頁瀏覽器,如下圖,會使用到的元件有:

1. Text Field:用來輸入網址
2. Web View:呈現網頁內容
3. Toolbar:工具列,放置返回上頁、下頁、重整功能鈕
4. Bar Button Item:功能按鈕
5. Activity Indicator View:用來讓使用者知道網頁還在載入中

Step 1 建立 Single View Application 專案,專案名稱為 Web View2。

Step 2 編輯 Main.storyboard

加入 Text Field 至 View 的上方,Toolbar 則是放在下方,如下圖。Toolbar 預設一開始裡面就會有一個 Bar Button Item。接著選取到 Item 按鈕,看到 Attribute Inspector 的地方。

Identifier 預設是 Custom，再看到 Title 的欄位，目前預設是 Item 文字，客製化的都是可以自己任意更改的。點開 Identifier 可看到內建有很多類別可以選擇，但是沒有返回上頁、下頁的按鈕可供選擇，因此選擇 Custom 更改 Title 為 Back 與 Forward 代表返回上頁與下頁，如下圖。

另外在自行從元件庫的地方拖曳兩個 Bar Button Item 到 Toolbar 上，其中有一個按鈕在 Identifier 可看到有一個「Refresh」的選項可選擇。最後加入 Web View 到 View 中並調整大小，完成如下圖：

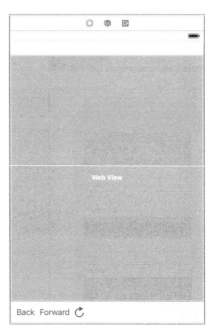

Text Field 預設是空白的文字內容，要讓它一開始預設的網頁就是 Google，必須修改 Text Field 的 Text 欄位屬性。

修改完後 Text Field 就會顯示 Google 的網址。

現在還差一個 Activity Indicator View，一樣從元件庫的地方找到，拖曳到 Toolbar 上，如下圖。原本預設的 Activity Indicator View 很小，可以看到該元件的 Attribute Inspector (屬性設定)。

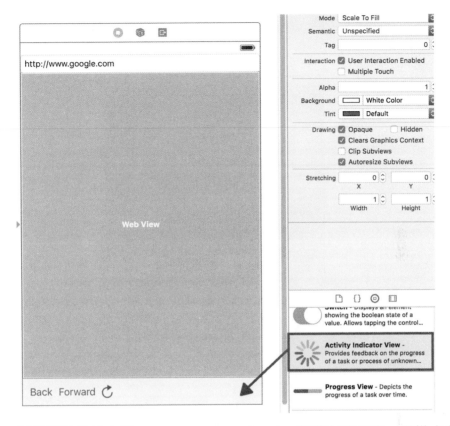

Style 欄位屬性的地方將 Large White，Animating 選項勾選起來，這樣才會有轉動的動畫；Hides When Stopped，當網頁載入完成時，Activity 的動畫會停止，因此勾選起來將它隱藏起來。

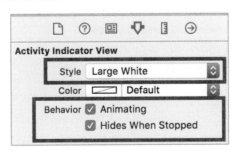

最後完成的介面圖如下圖：

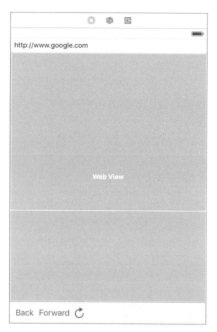

Step 3 編輯 ViewController.swift

```
import UIKit
class ViewController: UIViewController,UIWebViewDelegate {
    @IBOutlet var webView: UIWebView!
    @IBOutlet var urlTextField: UITextField!
    @IBOutlet var activityView: UIActivityIndicatorView!
    @IBOutlet var goback: UIBarButtonItem!
    @IBOutlet var goforward: UIBarButtonItem!
    @IBOutlet var webViewReload: UIBarButtonItem!
    @IBOutlet var hitReturn: UIBarButtonItem!
    ...
}
```

在此需繼承使用 UIWebViewDelegate 這個協定，因為後面會需要使用到該協
定提供的方法。

Step 4 繼續編輯 ViewController.swift

```
override func viewDidLoad() {
    super.viewDidLoad()
```

```
    webView.delegate = self

    let urlString = String(self.urlTextField.text!)
    let url = URL(string: urlString!)
    let urlRequest = URLRequest(url: url!)
    self.webView.loadRequest(urlRequest)
}
```

在 App 一開啟時，就希望載入 Google 的網頁，所以在 viewDidLoad 方法內，跟前面的方式一樣，取得網頁字串 (urlString)，將網頁字串指定給 url，透過 URLRequest 的取得網頁內容，loadRequest 再將取得的網頁內容顯示在網頁上。這裡需要注意的是記得將 webView 的 delegate 指定給 self。

```
@IBAction func goback(_ sender:AnyObject) {
    self.webView.goBack()
}
@IBAction func goforward(_ sender:AnyObject) {
    self.webView.goForward()
}
@IBAction func webViewReload(_ sender:AnyObject) {
    self.webView.reload()
}
```

上述的程式碼分別是網頁返回上頁、下頁、網頁重新載入，這些 Web View 都有提供這些方法可使用，大大減少使用者開發的時間。

```
func webViewDidStartLoad(_ webView: UIWebView) {
    activityView.isHidden = false
    activityView.startAnimating()
}
func webViewDidFinishLoad(_ webView: UIWebView) {
    activityView.isHidden = true
    activityView.stopAnimating()
}
```

webViewDidStartLoad 與 webViewDidFinishLoad 都是 UIWebViewDelegate 提供的方法，當網頁開始載入時會執行 webViewDidStartLoad 該方法，該方法內容是將 activityView 的 isHidden 狀態設為 false，並且啟動 activityView 的動畫 (startAnimating)；webViewFinishLoad 方法則為反之。

```
@IBAction func hitReturn(_ textField:UITextField) {
    let urlString = String(self.urlTextField.text!)
    let url = URL(string: urlString)
    let urlRequest = URLRequest(url: url!)
    self.webView.loadRequest(urlRequest)
    urlTextField.resignFirstResponder()
}
```

hitReturn 是在 Text Field 輸入網址時，鍵盤的 return 按鈕被按下之後要載入該網址的網頁內容；整個網頁的程式碼流程如同之前的敘述，需注意到的是 urlTextField.resignFirstResponder()，最後記得將鍵盤隱藏起來。

Step 5 建立元件關連

如右圖，Outlets 與相對硬的元件建立關連，Received Actions 與對應的按鈕做關連，這裡值得注意的是 hitReturn:方法的關聯，是要與 Text Field 元件建立關連，觸發事件選擇 Did End On Exit，這樣在輸入網址進去 Text Field 時，點選鍵盤的 return 就會出發該方法。

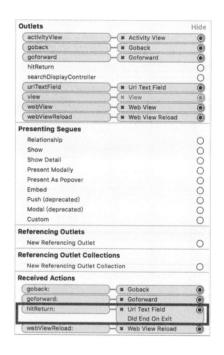

Step 6 編譯專案

在一開始開啟畫面時，會載入 Google 的網頁，注意一下 Activity 圖示是否有在轉動，當網頁載入完畢時，它就會隱藏起來。如下圖。

接著點選 Text Field 輸入網址「https://www.yahoo.com」並按下 return。這時網頁就會載入 Yahoo 的網頁內容。

Toolbar_Activtiy 完整程式碼

📱 範例程式：ViewController.swift

```
01  import UIKit
02  class ViewController: UIViewController,UIWebViewDelegate {
03      @IBOutlet var webView: UIWebView!
04      @IBOutlet var urlTextField: UITextField!
05      @IBOutlet var activityView: UIActivityIndicatorView!
06      @IBOutlet var goback: UIBarButtonItem!
07      @IBOutlet var goforward: UIBarButtonItem!
08      @IBOutlet var webViewReload: UIBarButtonItem!
09      @IBOutlet var hitReturn: UIBarButtonItem!
10
11      override func viewDidLoad() {
12          super.viewDidLoad()
13          webView.delegate = self
14
15          let urlString = String(self.urlTextField.text!)
16          let url = URL(string: urlString)
17          let urlRequest = URLRequest(url: url!)
18          self.webView.loadRequest(urlRequest)
19      }
```

```
20      override func didReceiveMemoryWarning() {
21          super.didReceiveMemoryWarning()
22          // Dispose of any resources that can be recreated.
23      }
24      @IBAction func goback(_ sender:AnyObject){
25          self.webView.goBack()
26      }
27      @IBAction func goforward(_ sender:AnyObject){
28          self.webView.goForward()
29      }
30      @IBAction func webViewReload(_ sender:AnyObject){
31          self.webView.reload()
32      }
33      func webViewDidStartLoad(_ webView: UIWebView) {
34          activityView.isHidden = false
35          activityView.startAnimating()
36      }
37      func webViewDidFinishLoad(_ webView: UIWebView) {
38          activityView.isHidden = true
39          activityView.stopAnimating()
40      }
41      @IBAction func hitReturn(_ textField:UITextField) {
42          let urlString = String(self.urlTextField.text!)
43          let url = URL(string: urlString)
44          let urlRequest = URLRequest(url: url!)
45          self.webView.loadRequest(urlRequest)
46          urlTextField.resignFirstResponder()
47      }
48  }
```

18

Gesture

在 iPhone 很常使用手勢的方式來控制畫面，在 Xcode 4.x 出來以前，元件庫中並沒有提供手勢的元件操作，因此需要自己去撰寫手勢的控制，現在元件庫中已經有提供了手勢的元件可加入畫面，這樣一台可以省去開發的時間，現在就一一來介紹手勢的控制。

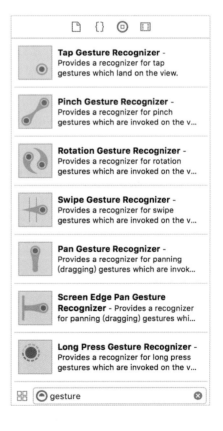

在元件庫中可看到元件庫中提供的手勢元件，依序為：

1. 點擊動作手勢
2. 夾擠動作手勢
3. 旋轉動作手勢
4. 滑動動作手勢
5. 拖曳動作手勢
6. 屏幕邊緣手勢
7. 長按動作手勢

接著使用一個簡單的範例來顯示目前的手勢動作是哪一個，該範例使用 UILabel 元件來顯示目前做的手勢是哪一個。

Step 1 建立 Single View Application 專案，專案命名為 Gesture。

Step 2 編輯 Main.storyboard

拖曳一個 Label 到 View 畫面中，並設定該元件的預設文字為「手勢動作」，字型的大小設為 20，文字的對齊改為置中對齊，如下圖。

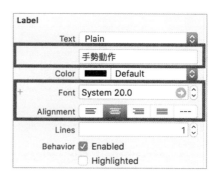

接著一個一個將手勢元件拖曳到 View 的畫面中，加入時可以在下方看到手勢元件，如下圖：

Step 3 編輯 ViewController.swift

加入以下程式碼

```
@IBOutlet weak var label: UILabel!
@IBOutlet var tap: UITapGestureRecognizer!
@IBOutlet var pinch: UIPinchGestureRecognizer!
@IBOutlet var rotation:UIRotationGestureRecognizer!
@IBOutlet var swipe: UISwipeGestureRecognizer!
@IBOutlet var pan: UIPanGestureRecognizer!
@IBOutlet var screen: UIScreenEdgePanGestureRecognizer!
@IBOutlet var long: UILongPressGestureRecognizer!
```

定義一個 UILabel 類別的變數，然後為每一個手勢定一個 IBAction，當手勢觸發 IBAction 時會改變 UILabel 元件的文字，讓我們知道觸發的是什麼手勢。

Step 4 繼續編輯 ViewController.swift

```swift
@IBAction func tap(_ sender: AnyObject) {
    label.text = "tap"
}
@IBAction func pinch(_ sender: AnyObject) {
    label.text = "pinch"
}
@IBAction func rotation(_ sender: AnyObject) {
    label.text = "rotation"
}
@IBAction func swipe(_ sender: AnyObject) {
    label.text = "swipe"
}
@IBAction func pan(_ sender: AnyObject) {
    label.text = "pan"
}
@IBAction func screen(_ sender: AnyObject) {
    label.text = "screen"
}
@IBAction func long(_ sender: AnyObject) {
    label.text = "Long"
}
```

補上 synthesize，而每個方法都使用 label.text 改變 UILabel 的文字，讓我們知道使用了什麼手勢。

Step 5 建立關連

如下圖，將各個手勢的 IBAction 動作與手勢元件建立關連，以及 Label 元件的關聯。

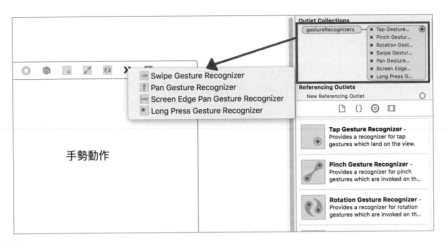

Step 6   編譯專案

在 iPhone 模擬器可以用滑鼠長按 View 畫面、拖曳、觸控、旋轉，可發現
Label 文字會根據你的手勢呈現不同的手勢名稱。（有一些無法顯示結果）

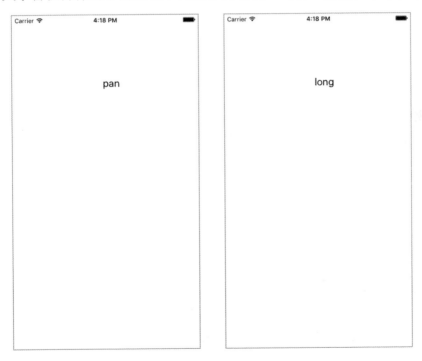

而手勢不只這樣而已，例如 Tap 手勢是一個手指頭輕點畫面就可以，如果有特殊需求，需要兩個手指頭點擊畫面兩下才會觸發事件，這可以更改 Tap 手勢元件的設定。開啟 Main.storyboard 選取 Tap 手勢元件，如右圖。

接著看到 Attribute Inspector，可看到 Recognize 欄位 Taps 是指點擊次數，Touches 是指觸控指頭數，在此分別設定為兩個手指頭觸控畫面兩下才會觸發 Tap 事件。

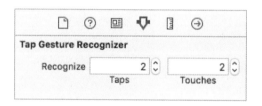

Gesture 完整程式碼

範例程式：ViewController.swift

```
01  import UIKit
02  class ViewController: UIViewController {
03      @IBOutlet weak var label: UILabel!
04      @IBOutlet var tap: UITapGestureRecognizer!
05      @IBOutlet var pinch: UIPinchGestureRecognizer!
06      @IBOutlet var rotation:UIRotationGestureRecognizer!
07      @IBOutlet var swipe: UISwipeGestureRecognizer!
08      @IBOutlet var pan: UIPanGestureRecognizer!
09      @IBOutlet var screen: UIScreenEdgePanGestureRecognizer!
10      @IBOutlet var long: UILongPressGestureRecognizer!
11      @IBAction func tap(_ sender: AnyObject) {
12          label.text = "tap"
13      }
14      @IBAction func pinch(_ sender: AnyObject) {
15          label.text = "pinch"
16      }
```

```
17      @IBAction func rotation(_ sender: AnyObject) {
18          label.text = "rotation"
19      }
20      @IBAction func swipe(_ sender: AnyObject) {
21          label.text = "swipe"
22      }
23      @IBAction func pan(_ sender: AnyObject) {
24          label.text = "pan"
25      }
26      @IBAction func screen(_ sender: AnyObject) {
27          label.text = "screen"
28      }
29      @IBAction func long(_ sender: AnyObject) {
30          label.text = "long"
31      }
32      override func viewDidLoad() {
33          super.viewDidLoad()
34          // Do any additional setup after loading the view, typically from a nib.
35      }
36      override func didReceiveMemoryWarning() {
37          super.didReceiveMemoryWarning()
38          // Dispose of any resources that can be recreated.
39      }
40  }
```

19

Table View

在 iPhone 上的 App 軟體最常看到的介面就是表格，例如電話簿、訊息、Mail…等都可以看到 Table View 的蹤影。

在建置 iPhone 專案時，可以看到 Xcode 也為 Table View 設立一個樣版「Master-Detail Application」，這樣可以降低開發者的開發時間。在使用專案樣版時，為了能夠更了解 Table View 如何加入到畫面中，一開始還是先使用 Single View Application 的樣版來開發。

Step 1 建立 Single View Application 專案，專案名稱為 Table View。

Step 2 編輯 MainStoryboard.storyboard

在 MainStoryboard 中可看到 ViewController 下是一個 View 的元件，我們先將它刪除。接著元件庫中找到 Table View 的元件。

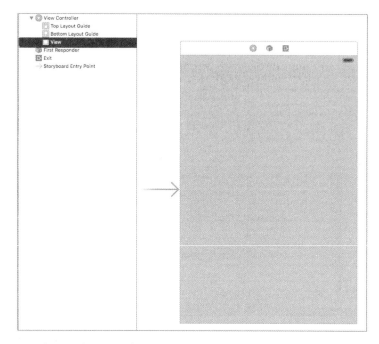

將 Table View 加入到 View 畫面中，可看到是一片沒有內容的 Table View；
Table View 中通常都會有一行一行的資料，一行在 Table View 中叫 Table
View Cell。

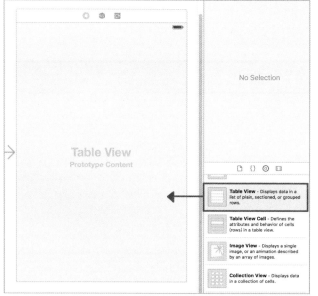

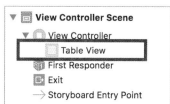

而 Table View Cell 在就在元件庫 Table View 的下方，將它拖曳一個到 Table View 中。如下圖：

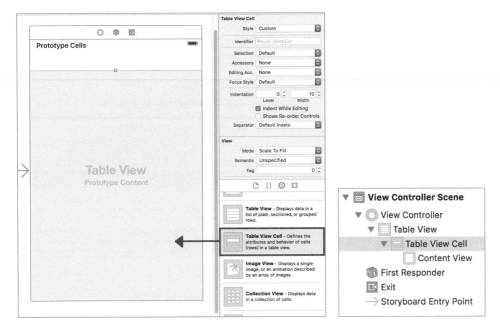

加入一個 Table View Cell 可觀察到元件的階層，View Controller 下有 Table View，Table View 下有 Table View Cell。

在 storyboard 中 Table View Cell 只需加入一個，後續的操作都是靠程式碼來操作的！讓我們繼續看下去。

因為 Cell 是靠程式碼來控制，因此元件需要有一個 Identifier(識別)；選取 Cell，看到該元件的 Attribute Inspector 當中有一個 Identifier 欄位，我們輸入 myCell，這樣之後程式碼可透過這個 Identifier 來做控制。

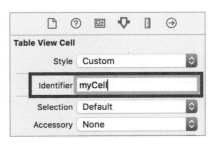

Step 3 編輯 ViewController.swift

完成介面的設計後，接著就是開始編輯程式碼的部份，編輯程式碼如下：

```swift
import UIKit
class ViewController: UIViewController, UITableViewDataSource,
                      UITableViewDelegate {
    @IBOutlet var myTable: UITableView!
    var dataArray : NSArray = ["Apple","Jobs","Macbook Pro"]
    ...
}
```

使用 NSArray 類別儲存資料陣列，待會兒要將資料陣列一筆一筆放入 Table View 中。

Step 4 繼續編輯 ViewController.swift

```swift
override func viewDidLoad() {
    super.viewDidLoad()
    myTable.delegate = self
    myTable.dataSource = self
}
// 1
func tableView(_ tableView: UITableView,
        sectionForSectionIndexTitle title: String, at index: Int) -> Int {
    return 1
}
// 2
func tableView(_ tableView: UITableView,
               numberOfRowsInSection section: Int) -> Int {
    return dataArray.count
}
// 3
func tableView(_ tableView: UITableView,
               cellForRowAt indexPath: IndexPath) -> UITableViewCell {
    let cell: UITableViewCell = UITableViewCell(style: UITableViewCellStyle.
    subtitle, reuseIdentifier: "myCell")
    cell.textLabel!.text = "\(dataArray[(indexPath as NSIndexPath).row])"
    return cell
}
```

1. tableVie:sectionForSectionIndexTitle:atIndex: 方法是要讓 Table View 知道有幾個群組，因為範例只需將 dataArray 放入 Table View 中，並沒有額外分群組，所以回傳 1，代表整個 Table View 就 1 個群組而已

2. tableView:numberOfRowsInSection: 方法是要讓 Table View 知道會有幾筆資料，因為要將 dataArray 放入 Table View 中，所以陣列中有幾筆資料需要使用 count 來計算陣列個數。

3. 定義完 Table View 的 Cell 與 Section 數量後 tableView:cellForRowAtIndexPath: 方法將 dataArray 陣列內容一個一個拿出來放入 Table View Cell 中；可注意到在方法內，指定「myCell」給 NSString 類別的 reuseIndentifier 變數，這個變數與之前在 Table View Cell 元件設定的 Identifier 屬性值是互相對應的。這表示 UITableViewCell 類別的 cell 變數根據 Identifier 做對應，接下來的 cell 設定都是對 MainStoryboard. storyboard 中的 Table View Cell 做操作。

Step 5 建立關連

在 ViewController 將 myTable 與 Table View 建立關連，如下圖。

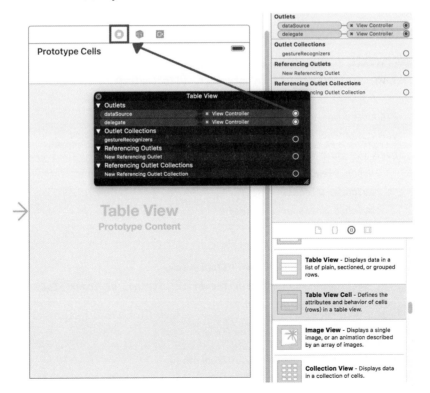

Step **6** 編譯專案

編譯專案後,在模擬器內可看到 dataArray
陣列內容一個一個放入 Table View 中了。
到這裡不知道您是否有個疑問,明明是
Table View,為什麼檔案名稱還是要呼叫
ViewController 呢?View 跟 Table View 是
兩個不同的東西,在元件庫中也有一個
Table View Controller 的元件!沒錯,如果
專案內使用的是 Table View,但檔案名稱還
是使用 ViewController 這樣是很容易造成混
淆,下一章就使用 TableViewController 的
元件來建立另外一個新的範例。

TableView 完整程式碼

範例程式:ViewController.swift

```swift
01  import UIKit
02  class ViewController: UIViewController, UITableViewDataSource,
03                        UITableViewDelegate {
04     @IBOutlet var myTable: UITableView!
05     var dataArray : NSArray = ["Apple","Jobs","Macbook Pro"]
06     override func viewDidLoad() {
07         super.viewDidLoad()
08         myTable.delegate = self
09         myTable.dataSource = self
10     }
11     // 1
12     func tableView(_ tableView: UITableView,
13         sectionForSectionIndexTitle title: String, at index: Int) -> Int {
14         return 1
15     }
16     // 2
17     func tableView(_ tableView: UITableView,
18                    numberOfRowsInSection section: Int) -> Int {
```

```
19          return dataArray.count
20      }
21      // 3
22      func tableView(_ tableView: UITableView,
23                     cellForRowAt indexPath: IndexPath) -> UITableViewCell {
24          let cell: UITableViewCell = UITableViewCell(
25                              style: UITableViewCellStyle.subtitle,
26                              reuseIdentifier: "myCell")
27          cell.textLabel!.text = "\(dataArray[(indexPath as NSIndexPath).row])"
28          return cell
29      }
30      override func didReceiveMemoryWarning() {
31          super.didReceiveMemoryWarning()
32          // Dispose of any resources that can be recreated.
33      }
34  }
```

20
CHAPTER

Table View Controller

先前已經看過 Table View 的操作，接下來是使用 Table View Controller，先來建立一個新的專案吧！

Step 1 建立 Single View Application 專案，專案名稱為 Table View Controller。

Step 2 編輯 Main.storyboard

首先看到元件庫的地方，可以看到一個 Table View Controller 的元件，將它拖曳到編輯介面的區域中。如下圖，可以發現 Table View Controller 已經有 Table View 與 Table View Cell 了。

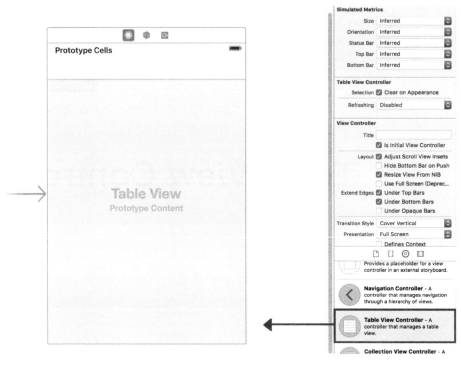

可以注意到原本的 View 左邊有一個箭頭的符號，代表該專案的起始畫面就是從這個畫面開始；可以用滑鼠點選該箭頭，並把它往 Table View 拖曳過去。

這樣 iPhone 的起始畫面就會變成是 Table View 了。但這還缺少了一樣東西！原本的畫面是由 ViewController.swift 這個檔案控制。因此現在需要另外新增檔案來控制這個 Table View Controller。

專案資料夾按右鍵，選擇「New File...」，選擇 iOS -> Source -> Cocoa Touch Class -> Next。

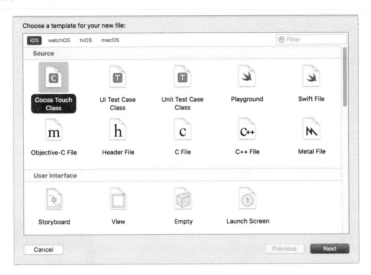

Subclass of 選擇 UITableViewController，Class 名稱命名為 MyTableView Controller，接著 Next 即可。

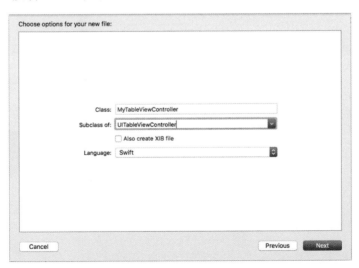

完成後就會建立好 MyTableViewController.swift 檔案，接著要指定 storyboard 中的 Table View Controller 控制的程式碼檔案指定為 MyTableViewController。

在 MainStoryboard 選取 TableViewController，並且看到 Identity Inspector，如下圖。

在 Class 欄位中輸入 MyTableViewController，這樣 Table View Controller 就是可由 MyTableViewContrller.swift 來控制了。

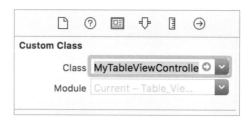

在編輯程式碼前，先來看右圖，在 Table View 中可清楚看到該 Table 有兩個群組(Section)，這兩個群組內有各自不同的資料，除此之外也可以發現 Table 是可以有 Header 與 Footer 的。接下來就做出如右圖的 Table View 出來。

Step 3 編輯 MyTableViewController.swift

```swift
import UIKit
class MyTableViewController: UITableViewController{
    var dataArray1 = ["iPhone 5","iPhone 5s","iPhone 6","iPhone 6 Plus"]
```

```
    var dataArray2 = ["Galaxy S3","Galaxy S4","Galaxy S5"]
    var Totaldata = NSMutableArray()
    ...
}
```

dataArray1 與 dataArray2，存放著個別群組的資料；Totaldat 則是存放 dataArray1 與 dataArray2 這兩組陣列資料。

Step 4 繼續編輯 MyTableViewController.swift

```
override func viewDidLoad() {
    super.viewDidLoad()
    let headerText: UILabel = UILabel(frame: CGRect(x: 0, y: 0,
                        width: tableView.frame.size.width, height: 40))
    let footerText: UILabel = UILabel(frame: CGRect(x: 0, y: 0,
                        width: tableView.frame.size.width, height: 40))
    headerText.textAlignment = NSTextAlignment.center
    footerText.textAlignment = NSTextAlignment.center
    headerText.text = "Table View Header"
    footerText.text = "Table View Footer"
    self.tableView.tableHeaderView = headerText
    self.tableView.tableFooterView = footerText
}
```

在 viewDidLoad 方法內一開始先將 dataArray1、dataArray2 兩個陣列初始化，並給予 Totaldata 陣列。

接著是定義 Table View 的 header 與 footer 文字，因此使用 UILabel 類別；最後將 headerText 與 footerText 指定給 self.tableView.tableHeaderView 與 self.tableView.tableFooterView，最後完成後會如右圖。

如果編譯專案時你會發現有兩個警告！可
看到這個警告是 MainStoryboard.
storyboard 檔案的警告。

這兩個警告的原因是 MainStroyboard.
storyboard 中有兩個 Controller，而這兩個
Controller 的 Storyboard ID 沒有指定，如
果有畫面的切換時，可能會出現問題。因
此為了消除這兩個警告，只要給予這兩個
Controller 一個 Storyboard ID 的值即可。

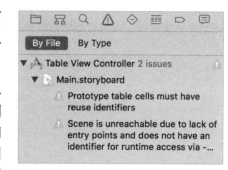

選到 ViewController，在 Identity Inspector 可以看到 Storyboard ID 欄位，輸
入 View。

TableViewController 也是一樣在 Storyboard ID 欄位輸入 Table View。這時再次編譯專案，警告訊息就會消失了。

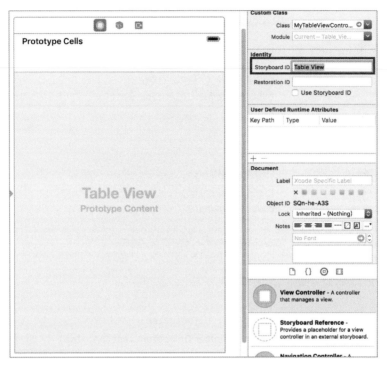

接著繼續編輯程式碼：

```
override func numberOfSections(in tableView: UITableView) -> Int {
    let Totaldata = [dataArray1 ,dataArray2]
    return Totaldata.count
}
override func tableView(_ tableView: UITableView,
                        numberOfRowsInSection section: Int) -> Int {
    var Totaldata = [dataArray1 ,dataArray2]
    return Totaldata[section].count
}
```

上面的兩個方法如同前面專案敘述的，這裡值得注意的是 tableView:numberOfRowsInSection: 這方法內的回傳值，從 viewDidLoad 可以很清楚的知道有兩個資料陣列分別存放了 Apple iPhone 的資料與 Samsung Galaxy 的資料，首先要先個別取得 Totaldata[section]的 Apple iPhone 陣列與 Samsung Galaxy 陣列，再由 count 計算該群組的 Table View Cell 個數。

總結來說：

- numberOfSectionsinTableView: 方法的回傳值為 2
- tableView:numberOfRowsInSection: 方法的回傳值為 4 與 3

接著編輯有關 header 和 footer 的程式碼：

```swift
override func tableView(_ tableView: UITableView,
                        titleForHeaderInSection section: Int) -> String? {
    var sectionHeader = String()
    switch (section) {
    case 0:
        sectionHeader = "Header Apple"
    case 1:
        sectionHeader = "Header Samsung"
    default:
        break
    }
    return sectionHeader
}
override func tableView(_ tableView: UITableView,
                        titleForFooterInSection section: Int) -> String? {
    var sectionFooter = String()
    switch (section){
    case 0:
        sectionFooter = "Footer Apple"
    case 1:
        sectionFooter = "Footer Samsung"
    default:
        break
    }
    return sectionFooter
}
```

看到上述的程式碼分別是設定 Section 內的 header 與 footer

- tableView:titleForHeaderInSection: ->設定 header
- tableView:titleForFooterInSection: ->設定 footer

這兩個方法內使用 switch 的方式，根據 section 回傳不同的 header 與 footer，執行的結果如右圖。接著只剩下將資料放入到 Cell 中。

```
override func tableView(_ tableView: UITableView,
            cellForRowAt indexPath: IndexPath) -> UITableViewCell {
    let cell = tableView.dequeueReusableCell(withIdentifier: "Cell",
                                    for: indexPath)
    var Totaldata = [dataArray1 ,dataArray2]
    switch indexPath.section {
    case 0:
        cell.textLabel?.text =
                    Totaldata[indexPath.section][indexPath.row] as String
    case 1:
        cell.textLabel?.text =
                    Totaldata[indexPath.section][indexPath.row] as String
    default:
        cell.textLabel!.text = "Other"
    }
    return cell
}
```

在 tableView:cellForRowAtIndexPath: 方法
只需加入 cell.textLabel.text....這行程式碼,
注意的是取出 Totaldata 陣列內容要先取出
section 的群組,再從群組取出 row 陣列的內
容。編譯專案後,得到的結果如下圖。

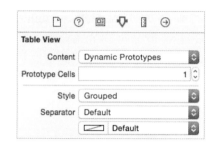

Table View 預設是 Plain 樣式,但可能很難看出群組,在 Table View 的
Attribute Inspector 可以看到 Style 欄位設定,若選擇 Grouped,Table View 呈
現群組的方式會比較明顯。

TableViewController 完整程式碼

範例程式:ViewController.swift

```
01  import UIKit
02  class MyTableViewController: UITableViewController{
03      var dataArray1 = ["iPhone 5","iPhone 5s","iPhone 6","iPhone 6 Plus"]
04      var dataArray2 = ["Galaxy S3","Galaxy S4","Galaxy S5"]
05      var Totaldata = NSMutableArray()
06
07      override func viewDidLoad() {
```

```
08              super.viewDidLoad()
09              var Totaldata = dataArray1 + dataArray2
10              let headerText: UILabel = UILabel(frame: CGRect(x: 0, y: 0,
11                                  width: tableView.frame.size.width, height: 40))
12              let footerText: UILabel = UILabel(frame: CGRect(x: 0, y: 0,
13                                  width: tableView.frame.size.width, height: 40))
14              headerText.textAlignment = NSTextAlignment.center
15              footerText.textAlignment = NSTextAlignment.center
16              headerText.text = "Table View Header"
17              footerText.text = "Table View Footer"
18              self.tableView.tableHeaderView = headerText
19              self.tableView.tableFooterView = footerText
20          }
21      override func didReceiveMemoryWarning() {
22              super.didReceiveMemoryWarning()
23              // Dispose of any resources that can be recreated.
24          }
25      override func numberOfSections(in tableView: UITableView) -> Int {
26              let Totaldata = [dataArray1 ,dataArray2]
27              return Totaldata.count
28          }
29      override func tableView(_ tableView: UITableView,
30                              numberOfRowsInSection section: Int) -> Int {
31              var Totaldata = [dataArray1 ,dataArray2]
32              return Totaldata[section].count
33          }
34      override func tableView(_ tableView: UITableView,
35                              titleForHeaderInSection section: Int) -> String? {
36              var sectionHeader = String()
37              switch (section) {
38              case 0:
39                  sectionHeader = "Header Apple"
40              case 1:
41                  sectionHeader = "Header Samsung"
42              default:
43                  break
44              }
45              return sectionHeader
46          }
```

```
47    override func tableView(_ tableView: UITableView,
48                        titleForFooterInSection section: Int) -> String? {
49        var sectionFooter = String()
50        switch (section) {
51        case 0:
52            sectionFooter = "Footer Apple"
53        case 1:
54            sectionFooter = "Footer Samsung"
55        default:
56            break
57        }
58        return sectionFooter
59    }
60    override func tableView(_ tableView: UITableView,
61                    cellForRowAt indexPath: IndexPath) -> UITableViewCell {
62        let cell = tableView.dequeueReusableCell(withIdentifier: "Cell",
63                                        for: indexPath)
64        var Totaldata = [dataArray1 ,dataArray2]
65        switch indexPath.section {
66        case 0:
67            cell.textLabel?.text =
68                    Totaldata[indexPath.section][indexPath.row] as String
69        case 1:
70            cell.textLabel?.text =
71                    Totaldata[indexPath.section][indexPath.row] as String
72        default:
73            cell.textLabel!.text = "Other"
74        }
75        return cell
76    }
77 }
```

21
CHAPTER

多重畫面的操作

在一開始的建置專案介紹時，已經介紹過 Stroyboard 使用按鈕切換畫面，只需要建立按鈕的下一頁。Storyboard 的出現真的對於切換畫面很方便，但是這還是有個限制，在 Storyboard 中必須要有按鈕才可以建立畫面的關聯，如果是使用程式碼產生的按鈕，這樣就沒辦法建立畫面的關聯了。這時就必須透過程式碼的方式來切換畫面。

接下來就使用程式碼的方式來切換畫面，如下圖，兩個簡單的 View Controller，利用按鈕來切換畫面。注意這兩個 ViewController 之間並沒有關連！

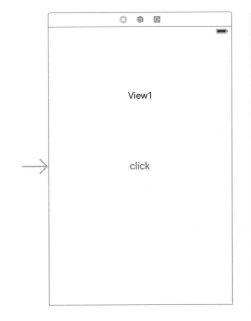

按下 View1 的 click 按鈕則會出現 View2，此時若按下 View2 的 click 按鈕則會出現 View1。

Step 1 建立 Single View Application 專案，專案名稱為 View change。

Step 2 編輯 Main.storyboard

加入一個 View Controller，並且使用 Label 元件來區別兩個 View，兩個 View 裡面個別加入一個按鈕，之後透過這兩個按鈕來切換畫面。

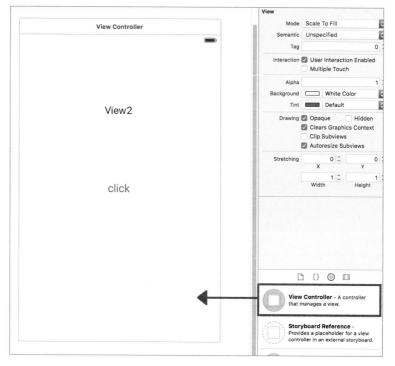

加入新的 View Controller 後，因此需要有程式碼來控制，如同之前的操作方式，在專案資料夾的地方按右鍵 -> new File...，這次 class 名稱命名為 View2Controller。如下圖：

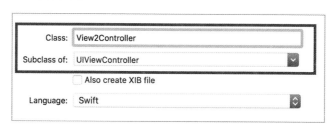

新增檔案之後，要設定第二個 ViewController 的 Class 為 View2Controller；開啟 Storyboard 檔案，選擇到第二個 ViewController，IdentityInspector 內的 Class 欄位輸入 View2Controller。

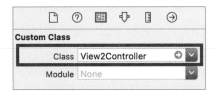

在前面的專案，曾經因為 Identifier 的問題，出現過警告，然後現在切換頁面需要使用到 Identifier。因此個別在這兩個的 Attribute Inspector 找到 Identifier，並個別輸入「View1」、「View2」，如下圖。

Step 3　編輯 ViewController.swift

```
@IBAction func view1_click(_ sender: AnyObject) { }
```

這裡需要注意的是 import。因為 View1 要切換到 View2，所以 View1 必須要知道 View2 指的是哪一個 Controller。view1_click 就是按鈕的觸發事件。

Step 4　繼續編輯 ViewController.swift

```
@IBAction func view1_click(_ sender: AnyObject) {
    let view2 : AnyObject! =
        self.storyboard!.instantiateViewController(withIdentifier: "view2")
    self.present(view2 as! UIViewController, animated: true, completion: nil)
}
```

view1_click:方法內定義 View2Controller 類別的 view2 變數，而如何知道 view2 指的就是 storyboard 中的 View2Controller，這時就是透過 Identifier，而 Idntifier 是在 storyboard 內(self.storyboard)，instantiateViewController 方法是根據後面輸入的文字去尋找對應的 ViewController。

切換畫面是依靠 presentViewController: 方法，傳入 view2 表示要切換到 view2 的畫面，animated:true 則是啟動切換的動畫效果。

上述是 ViewController 切換到 View2Controller 而 View2Controller 切換到 ViewController 也是一樣的方式。

Step 5 加入 View2Controller.swift

```
@IBAction func view2_click(_ sender: AnyObject) { }
```

這邊一樣要加入 ViewController，並且加入一個 view2_click: 的方法。

Step 6 編輯 View2Controller.swift

```
@IBAction func view2_click(_ sender: AnyObject) {
    let view1 : AnyObject! =
        self.storyboard!.instantiateViewController(withIdentifier: "view1")
    self.present(view1 as! UIViewController, animated: true, completion: nil)
}
```

Step 7 建立關連

最後建立按鈕與 IBAction 的關聯，注意這裡有兩個 ViewController 的 IBAction 需要建立關連，如下圖：

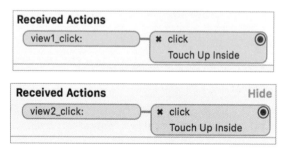

按鈕的觸發事件選「Touch Up Inside」。

Step 8　編譯專案

完成專案後，點選 click 按鈕可看到畫面的切換。這樣的畫面是否覺得有少了什麼？沒錯，在實際的操作上最常使用的切換畫面上，會有一條藍色用來切換畫面，那是 Navigation，接下來就繼續閱讀下一章的 Navigation。

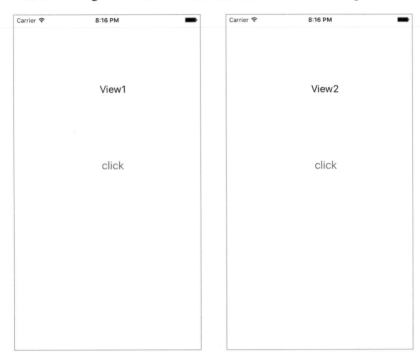

ViewChange 完整程式碼

範例程式：ViewController.swift

```
01  import UIKit
02  class ViewController: UIViewController {
03      @IBAction func view1_click(_ sender: AnyObject) {
04          let view2 : AnyObject! =
05          self.storyboard!.instantiateViewController(withIdentifier: "view2")
06          self.present(view2 as! UIViewController,
07                       animated: true, completion: nil)
08      }
09      override func viewDidLoad() {
10          super.viewDidLoad()
11          // Do any additional setup after loading the view, typically from a nib.
```

```
12        }
13        override func didReceiveMemoryWarning() {
14            super.didReceiveMemoryWarning()
15            // Dispose of any resources that can be recreated.
16        }
17    }
```

範例程式：View2Controller.swift

```
01    import UIKit
02    class View2Controller: UIViewController {
03        @IBAction func view2_click(_ sender: AnyObject) {
04            let view1 : AnyObject! =
05            self.storyboard!.instantiateViewController(withIdentifier: "view1")
06            self.present(view1 as! UIViewController,
07                        animated: true, completion: nil)
08        }
09        override func viewDidLoad() {
10            super.viewDidLoad()
11            // Do any additional setup after loading the view.
12        }
13        override func didReceiveMemoryWarning() {
14            super.didReceiveMemoryWarning()
15            // Dispose of any resources that can be recreated.
16        }
17    }
```

22 CHAPTER

Navigation Controller

在 iPhone 應用上 Table View 可以是很重要的元件，在畫面的切換中很常見到 Table View 的應用！在通訊錄中也都可以看到它的身影，那就是 Navigation Controller，Navigation 的右方會有個向左方向的按鈕使得頁面返回上一頁。

在 Navigation Controller 中畫面的切換使用的是堆疊的概念，當要切換到新的畫面時就 push 新的畫面進來，要返回上頁就是 pop 目前的頁面出去。這樣說可能還是很難理解！沿用上一個專案來做改變。

Step 1 建立一個 Single View Application 專案，專案名稱為 Navigation。

Step 2 編輯 Main.storyboard

在元件庫中可看到一個 Navigation Controller，將它拖曳到編輯畫面中，如下圖：

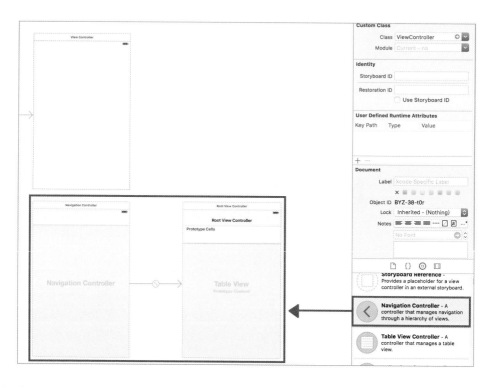

加進去的分別有 Navigation 與一個 Table View，
這兩個中間也可以看到一條線！這代表 Navigation
與 Table View 是相關連的。

然而現在還不需要使用到 Table View，因此選到
Table View 並將它刪除；原本的起始畫面是 View
Controller，將它改變成 Navigation Controller，如
右圖。

一開始的畫面應該是 View Controller，因此滑鼠選到 Navigation Controller，按著「Control」鍵，往 View Controller 拖曳過去並放開。

這時會出現一個黑色對話視窗，選擇「root view controller」。

因為一開始第一個畫面是要加在 Navigation Controller 下，這還並不是切換畫面，所以是建立「Relationship」這個關連。

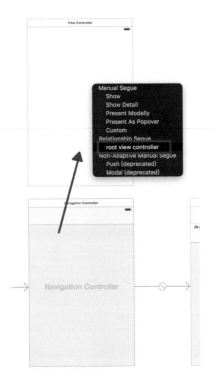

建立完之後可以看到 Navigation Controller 與 View Controller 已經建立起關連，如下圖：

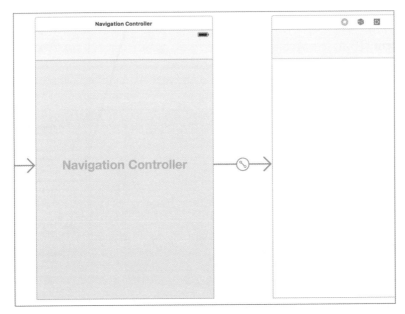

之後，您會發現 View Controller 上多出一條藍色與 Navigation Controller 一樣的東西。

目前只有一個 View Controller，所以要在加入另一個 View Controller，並且個別加入 Label 元件區分兩個 View Controller，如下圖：

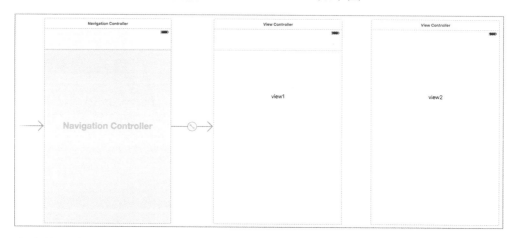

在先前是使用按鈕 (Button)，並且透過程式碼的方式來切換畫面！這時使用 Bar Button Item 來切換畫面，Bar Button Item 在元件庫中就可找到，將它拖曳到 View 1 的 Navigation 的右方，如右圖：

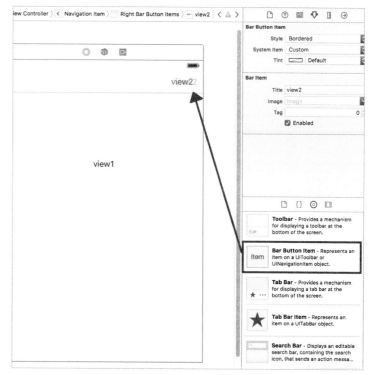

點擊兩下可以改變 Bar Button Item 的文字，或者是到該元件的 Attribute Inspector 設定 Title 屬性欄位的文字。

點選 View 2 的按鈕則會跳到 View 2 的畫面，如同 Navigation 與 View Controller 建立關連的方式一樣，按住「Control」鍵，滑鼠往 View 2 的畫面 拖曳過去並放開。

這時一樣會出現一個對話視窗，如下圖。

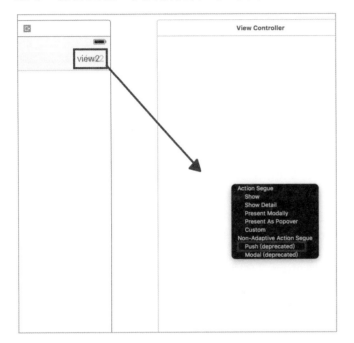

時選擇「Push」，因為是 Navigation 切換畫面是使用堆疊的概念，另外兩個 之後再做說明。建立完後如下圖：

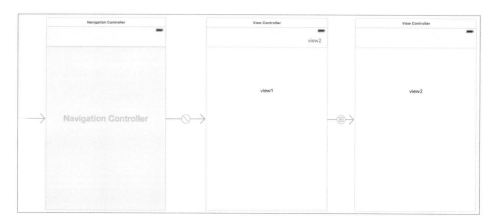

由上圖可以很清楚的知道畫面的操作過程，一開始是由 Navigation Controller，因為一開始是跟 View 1 做關連，所以可以看到 View 1 的畫面，再往下的話就是 View 2 的畫面，在以往只有專案的開發者才能知道操作的流程，現在透過 Storyboard 可以很快速的知道整個操作的流程。

不知道你是否會懷疑，有建立了 View 1 到 View 2 的關連，那 View 2 切換回 View 1 是否也要像前面的 View change 專案一樣要建立關連，答案是不用！因為 Navigation 在切換畫面時，已經自動在 Navigation 上的左方加入了返回上頁的按鈕，現在就來編譯專案，實際操作看看就知道了。

點選 View 2 的按鈕就會切換到 View 2 的畫面，切換到 View 2 的畫面可以注意一下 Navigation 的左上方有一個 Back 按鈕可以返回上頁。

藉由操作 Storyboard 就可以做到切換畫面的效果,這樣真的很省時間!但是 Storyboard 不可能完全滿足所有的需求,可能在特殊的情況下,無法使用它來達到您要的效果,接下來使用程式碼的方式來控制。

Step 1 新建一個 Single View Application 專案,專案名稱為 Navigation 2。

Step 2 編輯 MainStoryboard.storyboard

加入 Navigation Controller,並且刪除 Table View Controller,建立 Navigation 與原本的 View Controller 關連。最後加入 View Controller 與 Label 元件區分兩個,記得將起始頁的箭頭拖曳到 Navigation Controller,完成後如下圖:

View 1 與 View 2 畫面之間不用建立關連，之後使用程式碼的方式來操作。

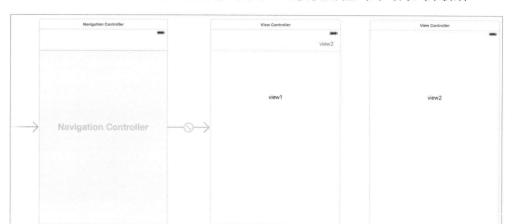

Step 3 編輯 ViewController.swift

```
override func viewDidLoad() {
    super.viewDidLoad()
    let mybarbutton = UIBarButtonItem(title:"View 2",
        style:UIBarButtonItemStyle.done,
        target:self, action:#selector(ViewController.view2))
    self.navigationItem.rightBarButtonItem = mybarbutton
}
```

在 viewDidLoad 方法內定義一個
UIBarButtonItem 類別的 item 變數，title: 定
義按鈕的 Title 文字，style:定義 Bar Button
Item 的樣式，action:指定 Bar Button Item 觸
發後執行的方法。

定義完按鈕後就是要加入 Navigation；
self.navigationItem.reightBarButtonItem 就是
加入到 Navigation 的右方，編譯後的結果如
右圖。

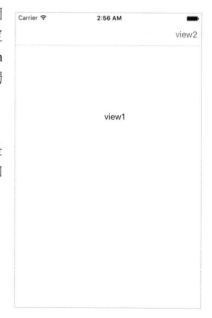

因為是使用程式碼來切換畫面,因此程式碼必須知道 View 2 是哪一個,因此要新增一個 ViewController 的檔案,按專案右鍵新增檔案,檔案名稱為 View2Controller。

接著在 MainStoryboard.storyboard,選取 View 2 的 ViewController,在 Identity Inspector 的 Class 選擇 View2Controller。以及在 Identity Inspector 設定 Storyboard ID 的值為 view2。

再來就是完成 view2 的方法:

```
@objc func view2() {
    let secondViewController = self.storyboard?.instantiateViewController(
                withIdentifier: "view2") as! View2Controller
    self.navigationController!.pushViewController(secondViewController
                                                animated: true)
}
```

定義一個 View2Controller 類別的變數 view2,view2 是要從 storyboard 中尋找,所以使用 self.storyboard,然後是根據 Identifier 尋找前面定義的「view2」。

切換時是使用 navigationController 的 pushViewController 方法切換到 view2,animated 設定為 true,代表啟用動畫。

Step 4 編譯專案

這是編譯專案,點選 View 2 按鈕,就會切換到 view 2 的畫面,切換到 view 2 時,navigation 的左方也會自動出現一個 Back 返回上頁的按鈕,不需要自己去加入。

Navigation 完整程式碼

範例程式：ViewController.swift

```
01  import UIKit
02  class ViewController: UIViewController {
03      override func viewDidLoad() {
04          super.viewDidLoad()
05          let mybarbutton = UIBarButtonItem(title:"View 2",
06                          style:UIBarButtonItemStyle.done,target:self,
07                      action:#selector(ViewController.view2))
08          self.navigationItem.rightBarButtonItem = mybarbutton
09      }
10      override func didReceiveMemoryWarning() {
11          super.didReceiveMemoryWarning()
12          // Dispose of any resources that can be recreated.
13      }
14      @objc func view2() {
15          let secondViewController = self.storyboard?.instantiateViewController(
16                      withIdentifier: "view2") as! View2Controller
17          self.navigationController!.pushViewController(secondViewController,
18                                              animated: true)
19      }
20  }
```

Table View2

還是否記得之前的 Table View 的操作，所舉的範例只有單純的將資料呈現在
Table View 上，但是通常 Table View 可以再次點選項目，來看到細部的資訊，
接下來就使用一個簡單的範例，來完成一個可以點選的 Table View，並在下一
頁看到選擇的 cell 名稱。由於之前的 Table View 並沒有使用 Navigation，但我
們已經了解到 Navigation 的方便性，因此該專案最後完成會如下圖。

Step 1 建立 Single View Application 專案，專案名稱為 Table View2。

Step 2 編輯 Main.storyboard

首先因為要使用 Navigation，所以在元件庫的地方加入一個 Navigation
Controller 這個元件，將起始畫面的設定為 Navigation Controller。

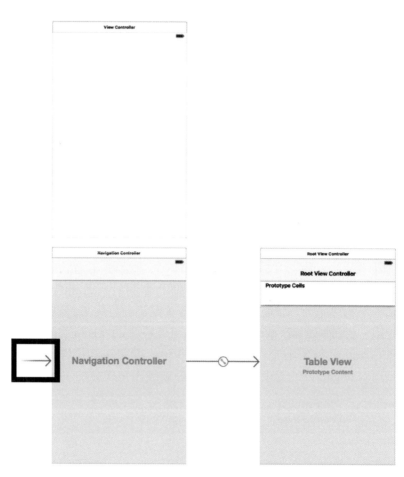

在原本的 ViewController 中加入一個 Label
元件。

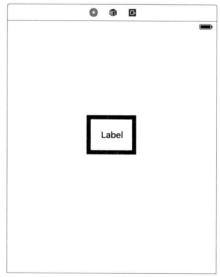

點選 Table View 中的 cell，按住「control」鍵，往 View 拖曳過去，建立關連選擇「Push」。完成後會如下圖：

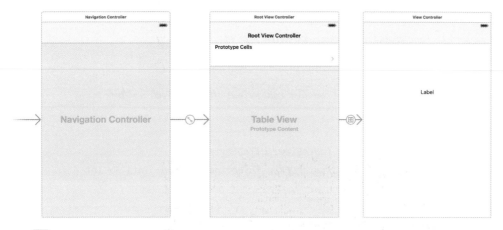

Step 3 　新增 TableViewController.swift

在專案的地方右鍵 -> New File… -> iOS ->Source -> Cocoa Touch class -> Subclassof 選 擇 UITableViewController，Class 命 名 為 MyTableViewController；新增完檔案後，設定 Table ViewController 的控制由該檔案來控制，如下圖。

接著開始來編輯 MyTableViewController.swift 檔，首先定義一個 NSArray 類別的 data 變數，用來存放 Table View 的資料內容。

```swift
import  UIKit
class MyTableViewController: UITableViewController {
    var data =  NSArray()
    ...
}
```

定義完 data 陣列後，就是要來操作 Table View 了，所以繼續編輯 MyTableViewController.swift，編輯程式碼如下，其方法內容都與前面一樣！在這邊就不再一一解釋程式碼。

```
override func viewDidLoad() {
    super.viewDidLoad()
    data = ["test1","test2","test3"]
}
override func didReceiveMemoryWarning() {
    super.didReceiveMemoryWarning()
}
override func numberOfSections(in tableView: UITableView) -> Int {
    return  1
}
override func tableView(_ tableView: UITableView,
                        numberOfRowsInSection section: Int) -> Int {
    return  data.count
}
override func tableView(_ tableView: UITableView,
                cellForRowAt indexPath: IndexPath) -> UITableViewCell {
    let CellIdentifier =  String("Cell")
    let cell = tableView.dequeueReusableCell(withIdentifier: CellIdentifier!,
                                    for: indexPath)
    cell.textLabel!.text = data[indexPath.row] as! String
    return  cell
}
```

這邊需要注意的地方是 tableView:cellForRowAtIndexPath: 方法內的 CellIdentifier，這邊定義的是「Cell」，因為 Table View Controller 是我們後來新增上去的，所以要回到 Main.storyboard 檔案中點選 Table View 內的 cell，在 Attribute Inspector 設定該 cell 的 Identifier，如下圖。

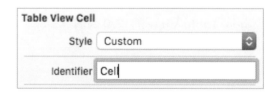

完成這段程式碼後，編譯專案可以看到 Table View 中出現 data 陣列的內容在 cell 中。並且也可以發現在 cell 的右邊也出現了一個「>」符號，如右圖所示，表示點下去可以看到更細部的資訊內容。目前點選下去會切換到原本預設的 ViewController。

這個範例是點選下去在 ViewController 可以看到你選取的是哪一個 cell，並且顯示你選取的 cell 內容在 Label 上。

這意味著在選取時，要將 cell 的值傳遞到 ViewController 上！

請注意到 TableViewController 與 ViewController 之間有一條線，如下圖。

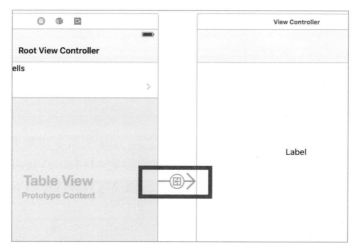

點選它並且看到 Attribute Inspector，可以看到一個 Identifier 的欄位，這跟前面設定 cell 的意思一樣，程式碼需透過這個 Identifier 的來判斷。在 Identifier 的欄位內輸入「showDetail」即可。

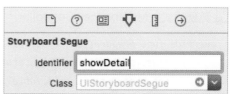

從 MyTableViewController 要傳遞參數的值到 ViewController 需要透過 prepareForSegue:sender: 這個方法來完成，但在完成之前請看到 ViewController.swift。

Step 4 編輯 ViewController.swift

因為在 View 中有一個 Label 元件，因此要定義一個 UILabel 類別的變數，

```
import  UIKit
class ViewController: UIViewController {
    var labelString : String?
    @IBOutlet var label : UILabel!
    ...
}
```

除了定義 UILabel 類別，還要定義一個 String 類別的字串變數，注意這邊因為要從 MyTableViewController 傳遞參數到 ViewController，所以 labelString 變數需要定義一個 String?，這樣在 MyTableViewController 才可以指定 (set)String 類別變數的值。

範例程式：ViewController.swift

```
override func viewDidLoad() {
    super.viewDidLoad()
    self.label.text = labelString
}
```

在 viewDidLoad 方法內將 label_的文字指定為 labelString 變數的值即可。這邊已經做好 Label 文字的設定了，再來就是要設定 MyTableViewController 傳遞到 ViewController 的動作了，因此繼續回到 MyTableViewController.swift 檔。

Step 5 參數傳遞

範例程式：MyTableViewController

```
override func prepare(for segue: UIStoryboardSegue, sender: Any?)  {
    if segue.identifier == "showDetail"  {
        let indexPath =  self.tableView.indexPathForSelectedRow
        let setLabelString = segue.destination as!  ViewController
        let row = indexPath?.row
```

```
        setLabelString.labelString = (data[row!] as!  String)
    }
}
```

如同之前所說，傳遞參數可以藉由 prepareForSegue,sender: 這個方法，首先第一個 if 的判斷，可以看到這個判斷是中有一個「showDetail」的關鍵字，這代表判斷 Table View Cell 要到下一頁 ViewController 的路徑就是 segue，而要判斷這個路徑是否為 showDetail，如果是的話就會繼續執行 if 下的內容。

當條件成立時，要取得我們選取 Table View 中第幾個 cell，所以透過 self.tableView.indexPathForSelectedRow 可以得知。接著要指定我們選取第幾個 cell 的值給 ViewController 所以使用 segue.destination 知道我們的目的地 (ViewController)後，接著就是要指定值給 setLabelString。

最後，將我們選取的 Table View Cell 的 index 值帶入到 data 陣列中，並取得 data 陣列中的值指定給 setLabelString.labelString。

Step 6　建立關連與編譯專案

最後就只需要建立 ViewController 的 UILabel 元件關連，如下圖。

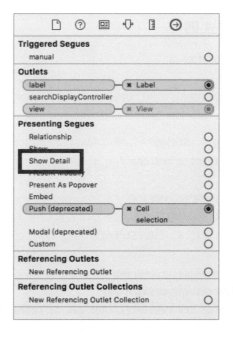

此時編譯專案並點選 Table View 中任意的 cell 值，在切換到下頁時可以看到 Label 元件是跟著你選取的 cell 值做變化的。並且透過 Navigation 也可以切換回到上頁。

TableView2 完整程式碼

範例程式：ViewController.swift

```
01  import  UIKit
02  class ViewController: UIViewController  {
03
04      var labelString :   String?
05      @IBOutlet var label :   UILabel!
06
07      override func viewDidLoad() {
08          super.viewDidLoad()
09          self.label.text =  labelString
10      }
11      override func didReceiveMemoryWarning() {
12          super.didReceiveMemoryWarning()
13          // Dispose of any resources that can be recreated.
14      }
15  }
```

範例程式：MyTableViewController.swift

```
01  import  UIKit
02  class MyTableViewController: UITableViewController  {
03      var data =  NSArray()
04      override func viewDidLoad() {
05          super.viewDidLoad()
06          data = ["test1","test2","test3"]
07      }
08      override func didReceiveMemoryWarning() {
09          super.didReceiveMemoryWarning()
10      }
11      override func numberOfSections(in tableView: UITableView) -> Int  {
12          return  1
13      }
14      override func tableView(_ tableView: UITableView,
15                          numberOfRowsInSection section: Int) -> Int  {
16          return  data.count
17      }
18      override func tableView(_ tableView: UITableView,
19                      cellForRowAt indexPath: IndexPath) -> UITableViewCell  {
20          let CellIdentifier =  String("Cell")
21          let cell = tableView.dequeueReusableCell(
22                                  withIdentifier: CellIdentifier!,
23                                  for: indexPath)
24          cell.textLabel!.text = data[indexPath.row] as! String
25          return  cell
26      }
27      override func prepare(for segue: UIStoryboardSegue, sender: Any?)  {
28          if segue.identifier == "showDetail"  {
29              let indexPath =  self.tableView.indexPathForSelectedRow
30              let setLabelString = segue.destination as! ViewController
31              let row = indexPath?.row
32              setLabelString.labelString = (data[row!] as! String)
33          }
34      }
35  }
```

24

CHAPTER

Tab Bar

在前面可以看到 Table View，可以依序的切換下去看到不同的訊息，但是萬一我們有很多分類的 Table View 呢？例如 iPhone 上的 App Store App 在下面可以看到有 Today、遊戲、App、更新項目、搜尋這些分類，如下圖：

可以透過 Tab Bar 來快速切換你要看的分類項目,這樣可以快速的切換,使用上對使用者方便許多。

在建立專案時,已經有提供一個 Tab Bar 的樣版專案,但我們還是自己來做一個來解釋如何操作 Tab Bar,所以一樣使用 Single View Application 建立專案。

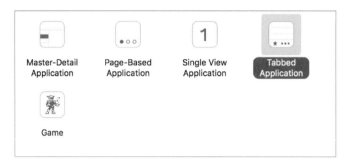

首先先來介紹如何使用 Tab Bar 切換兩個不同的 View Controller。

Step 1　建立 Single View Application 專案,專案名稱為 Tab Bar。

Step 2　編輯 Main.storyboard。

在元件中可以找到 Tab Bar Controller,將它拖曳到編輯區,此時可以看到預設就會有一個 Tab Bar Controller 與兩個 ViewController。接著把起始頁設定為 Tab Bar Controller,如下圖:

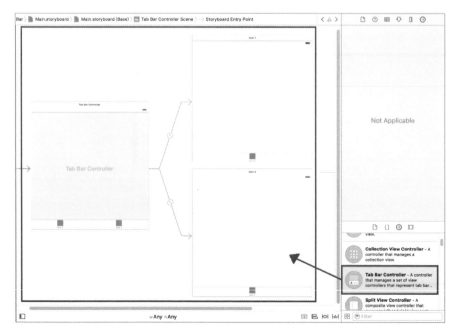

在預設中也可以看到有兩個 Tab Bar 的選項，那稱之為 Tab Bar Item，如果要將原本專案預設的 ViewController 加入 Tab Bar 中，這時請先選取 Tab bar Controller，並按住「control」鍵，使用滑鼠拖曳的方式拖曳到原本的 ViewController 然後放開，跳出一個黑色對話視窗，選擇「view controller」，如下圖。

此時可以看到 Tab Bar Controller 多了一個 ViewController 的頁面，如下圖；在 Tab Bar Controller 也可看到多出一個 Tab Bar Item。

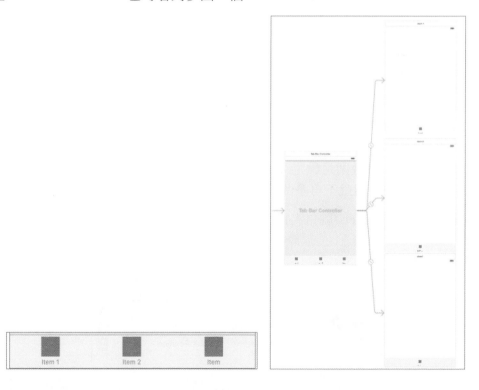

Tab Bar Item 的名稱與圖片樣式，都可以在 Attribute Inspector 設定，在此將原本 Tab Controller 預設產生的 View Controller 對應的 Item 文字改為 View1、View2，後來加入關連的 ViewController 則為 View3。

接著開始來動手修改。首先選到第一個 ViewController，選取到下方的 Tab Bar Item，在看到 Attribute Inspector，找到 Title 欄位輸入「View1」。

設定完 Title 可以看到 Item Bar Item 的文字也會跟著改變了。而可以設定的屬性不只這些，從下圖就可得知。

- Badge：是在 Item 的右上方提示數字，例如在 App Store 內你有 App 需要更新時，它會在右上方顯示提醒你有幾個 App 可以更新。

- Identifier：這邊則是設定 Item 的圖示，例如內建已經有提供了 More、Contacts 等，這就不再多做說明，可以自行改變一下設定觀察它的變化。

可看到下圖是 Contacts(聯絡人)，在右上方可看到一個數字 1，設定如下圖：

當然也可以使用自己的圖片，將圖片加入到專案後，在 Image 設定圖片檔案
名稱即可。一個一個修改完 Tab Bar Item 後，再回到 Tab Bar Controller 可以
發現 Item 的名稱也跟著改變了，如下圖：

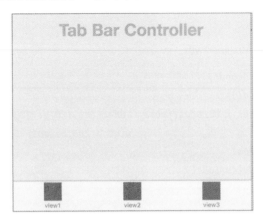

接著原本的 ViewController 已經有 ViewController.swift 來控制，新加入的
Tab Controller 下兩個 ViewController 並沒有程式碼來控制，因此需要新增兩
個 UIViewController 的檔案到專案內，檔案名稱分別為 View1Controller 與
View2Controller。

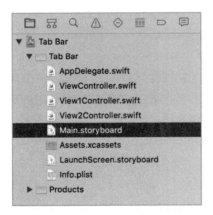

新增完檔案後一樣要設定 View 1 的 ViewController，它是由 View1Controller
控制，View 2 則是由 View2Controller，如下圖：

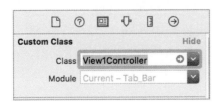

設定完之後，不用 storyboard 在每個 ViewController 加入 Label 元件，改用程式碼的方式為每個 ViewController 加入 UILabel。

Step 3 編輯 ViewController、View1Controller、View2Controller 等 swift 程式。

📑 範例程式：ViewController.swift

```swift
override func viewDidLoad() {
    super.viewDidLoad()
    let label: UILabel = UILabel(frame: CGRect(x: 180,y: 200,
                                        width: 200,height: 50))
    label.text = "view1"
    self.view.addSubview(label)
}
```

📑 範例程式：View1Controller.swift

```swift
override func viewDidLoad() {
    super.viewDidLoad()
    let label: UILabel = UILabel(frame: CGRect(x: 180,y: 200,
                                        width: 200,height: 50))
    label.text = "view2"
    self.view.addSubview(label)
}
```

📑 範例程式：View2Controller.swift

```swift
override func viewDidLoad() {
    super.viewDidLoad()
    let label: UILabel = UILabel(frame: CGRect(x: 180,y: 200,
                                        width: 200,height: 50))
    label.text = "view3"
    self.view.addSubview(label)
}
```

在 viewDidLoad 方法加入 UILabel，需注意的是 label 的文字在不同的 ViewController 要指定不一樣的，這樣才可以看出區隔。

Step 4　編譯專案

編譯專案後切換 Tab Bar 的時候，Label 的文字也會跟著不同的 View Controller 而有所不同，如下圖：

Tab Bar 完整程式碼

📱 範例程式：ViewController.swift

```
01  import UIKit
02  class ViewController: UIViewController {
03      override func viewDidLoad() {
04          super.viewDidLoad()
05          let label: UILabel = UILabel(frame:CGRect(x: 180,y: 200,
06                                          width: 200,height: 50))
07          label.text = "view1"
08          self.view.addSubview(label)
09      }
10      override func didReceiveMemoryWarning() {
11          super.didReceiveMemoryWarning()
12          // Dispose of any resources that can be recreated.
13      }
14  }
```

範例程式：View1Controller.swift

```
01  import UIKit
02  class View1Controller: UIViewController {
03      override func viewDidLoad() {
04          super.viewDidLoad()
05          let label: UILabel = UILabel(frame:CGRect(x: 180,y: 200,
06                                          width: 200,height: 50))
07          label.text = "view2"
08          self.view.addSubview(label)
09      }
10      override func didReceiveMemoryWarning() {
11          super.didReceiveMemoryWarning()
12          // Dispose of any resources that can be recreated.
13      }
14  }
```

範例程式：View2Controller.swift

```
01  import UIKit
02  class View2Controller: UIViewController {
03      override func viewDidLoad() {
04          super.viewDidLoad()
05          let label: UILabel = UILabel(frame:CGRect(x: 180,y: 200,
06                                          width: 200,height: 50))
07          label.text = "view3"
08          self.view.addSubview(label)
09      }
10      override func didReceiveMemoryWarning() {
11          super.didReceiveMemoryWarning()
12          // Dispose of any resources that can be recreated.
13      }
14  }
```

25

CHAPTER

照相機 & 相簿

在 iPhone 有很多 App 可能需要登入你個人的帳號,而帳號可能需要設定大頭貼,大頭貼可以從你的相簿、或是使用相機馬上拍一張當做大頭貼,接下來介紹如何開啟 iPhone 的相簿以及照相機功能。

接著本專案會配合 UIActionSheet 來實作,透過 UIActionSheet 讓我們可以選擇照片的來源。

Step 1 建立 Single View Application 專案,專案名稱為 Photo。

Step 2 編輯 MainStoryboard.storyboard 在 ViewController 中加入一個 ImageView 與 Button,如右圖。

Step 3 編輯 ViewController.swift

```
import UIKit
class ViewController: UIViewController,UIActionSheetDelegate,
                UIImagePickerControllerDelegate,
          UINavigationControllerDelegate {
    @IBOutlet weak var image: UIImageView!
    @IBOutlet weak var click: UIButton!
    ...
}
```

需注意到的是協定的地方，這邊使用了三個協定 UIActionSheetDelegate、UIImagePickerControllerDelegate、UINavigationControllerDelegate。因為使用 ActionSheet，所以要使用 UIActionSheetDelegate；UINavigationController Delegate 在畫面轉換時須透過 Navigation 的 presentModalViewController: animated:方法；UIImagePickerControllerDelegate 則是要使用相機及相簿就需要繼承該協定。

Step 4 繼續編輯 ViewController.swift

```
@IBAction func click(_ sender: UIButton) {
    let actionSheet:UIActionSheet = UIActionSheet(title: nil, delegate: self,
                        cancelButtonTitle: "取消",
                        destructiveButtonTitle: nil,
                    otherButtonTitles: "照相","相片","膠卷")
    actionSheet.actionSheetStyle = UIActionSheetStyle.blackOpaque
    actionSheet.show(in: self.view)
}
```

click 方法內就是實作一個 UIActionSheet 的方法，如同之前的 UIActionSheet 範例。點選 click 按鈕後會出現 ActionSheet，讓我們選擇相片的來源是要使用相機、相片、膠卷的其中一個，如下一頁右圖。記得將 click 方法與 Button 做建立關連，如下一頁左圖。

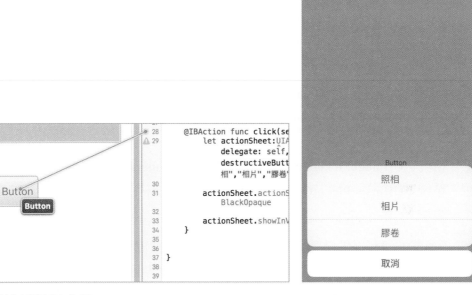

繼續編輯程式碼：

```
func actionSheet(_ actionSheet: UIActionSheet,
        clickedButtonAt buttonIndex: Int) {
    let myPickerController = UIImagePickerController()
    myPickerController.delegate = self
    switch buttonIndex{
    case 1://呼叫相機
        myPickerController.sourceType =
                        UIImagePickerControllerSourceType.camera
        self.present(myPickerController, animated: true, completion: nil)
    case 2://呼叫相片
        myPickerController.sourceType =
                        UIImagePickerControllerSourceType.photoLibrary
        self.present(myPickerController, animated: true, completion: nil)
    case 3://呼叫膠卷
        myPickerController.sourceType =
                        UIImagePickerControllerSourceType.savedPhotosAlbum
        self.present(myPickerController, animated: true, completion: nil)
    default:
        break
    }
}
```

actionSheet:clickButtonAtIndex:方法就是要取得使用者按下了是照相或是從項目選擇，所以使用 switch 的方式來辨別，這裡需注意的是 UIImagePicker Controller 這個類別，一開始定義一個該類別的 myPickerController 變數，並且將 delegate 指定給 self，這樣委派給 ViewController 執行 UIImagePicker ControllerDelegate 協定提供的方法，下面會說明使用什麼方法。

接著可看到 case 內的 myPickerContrller.sourceType，這是用來選擇 ImagePickerController 的型態，iPhone 內建了三個型態分別為相機、相片、膠卷對應的名稱分別為：

1. 相機：UIImagePickerControllerSourceType.camera
2. 相片：UIImagePickerControllerSourceType.photoLibrary
3. 膠卷：UIImagePickerControllerSourceType.savedPhotosAlbum

因為模擬器並沒有提供模擬相機的功能，所以相機這個選項必須要透過實體裝置才可以使用，當你選擇相片時，會顯示你所有的相片本，如下圖，如果你已經有針對相片做分類，可以先進行分類的尋找，再進去找到你要的照片。

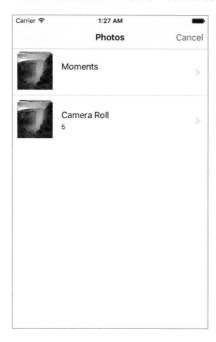

選擇膠卷的話，則是直接進入膠卷內直接選擇你要的照片，而這些膠卷是所有相片的集合，如右圖。如果你有很多照片的話，要找尋你要使用的照片，可能要花一點功夫來尋找。

選擇完照片後，就是要將選擇的照片呈現在 ImageView 上，這時需透過 UIImagePickerControllerDelegate 協定提供的 imagePickerController: didFinishPickingMediaWithInfo:方法來完成，這個方法會在我們選擇完照片時執行，編輯的程式碼如下：

```
func imagePickerController(_ picker: UIImagePickerController,
            didFinishPickingMediaWithInfo info: [String : Any]) {
    self.dismiss(animated: true, completion: nil)
    let selectImg = info[UIImagePickerControllerOriginalImage] as? UIImage!
    image.image = selectImg
}
```

因為切換到選擇相片的地方，都是透過 presentModalViewController:animated: 方法來切換，選擇完畢時要切換為原本的畫面，因此要使用 dismissModalViewControllerAnimated 方法來切換回原本的畫面。

UIImage 類別的 selectImg 變數是用來接收選擇的照片，而選擇的照片是透過 info objectForKey:UIImagePickerControllerOriginalImage 取得；info 的型態為

NSDictionary，在前面必須使用(UIImage *)來強制轉換型態。最後使用 setImage 方法將 selectImg 指定給 image。

Step 5 建立關連與編譯專案

這邊需將 Image 元件與 IBOutlet 建立關連，Button 元件與 click:函式建立關連，如右圖。

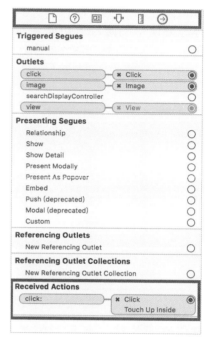

這時編譯完專案，並選擇相簿內的照片，會回到原本的畫面，在原本空白的 ImageView 就會顯示你選擇的照片，如右圖。

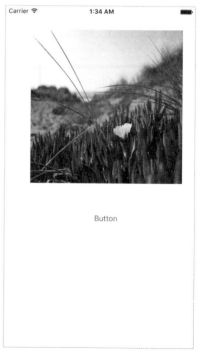

Photo 完整程式碼

範例程式：ViewController.swift

```
01  import UIKit
02  class ViewController: UIViewController,UIActionSheetDelegate,
03      UIImagePickerControllerDelegate, UINavigationControllerDelegate {
04      @IBOutlet weak var image: UIImageView!
05      @IBOutlet weak var click: UIButton!
06      @IBAction func click(_ sender: UIButton) {
07          let actionSheet:UIActionSheet = UIActionSheet(title: nil,
08                          delegate: self, cancelButtonTitle: "取消",
09                  destructiveButtonTitle: nil,
10              otherButtonTitles: "照相","相片","膠卷")
11          actionSheet.actionSheetStyle = UIActionSheetStyle.blackOpaque
12          actionSheet.show(in: self.view)
13      }
14      func actionSheet(_ actionSheet: UIActionSheet,
15              clickedButtonAt buttonIndex: Int) {
16          let myPickerController = UIImagePickerController()
17          myPickerController.delegate = self
18          switch buttonIndex {
19          case 1://呼叫相機
20              myPickerController.sourceType =
21                      UIImagePickerControllerSourceType.camera
22              self.present(myPickerController, animated: true, completion: nil)
23          case 2://呼叫相片
24              myPickerController.sourceType =
25                      UIImagePickerControllerSourceType.photoLibrary
26              self.present(myPickerController, animated: true, completion: nil)
27          case 3://呼叫膠卷
28              myPickerController.sourceType =
29                      UIImagePickerControllerSourceType.savedPhotosAlbum
30              self.present(myPickerController, animated: true, completion: nil)
31          default:
32              break
33          }
34      }
35      func imagePickerController(_ picker: UIImagePickerController,
36              didFinishPickingMediaWithInfo info: [String : Any]) {
```

```
37          self.dismiss(animated: true, completion: nil)
38          let selectImg =
39                  info[UIImagePickerControllerOriginalImage] as? UIImage!
40          image.image = selectImg
41      }
42      override func viewDidLoad() {
43          super.viewDidLoad()
44      }
45      override func didReceiveMemoryWarning() {
46          super.didReceiveMemoryWarning()
47      }
48  }
```

26

CHAPTER

File

到目前都是元件、Controller 的操作,還沒有接觸到檔案的存取,在 iPhone 的應用中許多 App 呈現的資料都是讀取檔案,或是使用者要新增時,會將資料寫入檔案,例如記帳簿,使用者要記錄每天的消費記錄,並且又可以看到使用者新增的資料。

這些資料是儲存到哪去呢?在 iPhone 上有很多種方式可以存取資料,plist、SQLite、Archiving Object、CoreData、XML、JSON、iCloud,接下來會一一使用範例來看看如何操作這些檔案的讀取方式。

在這之前需先了解 iPhone 下檔案儲存的位置,在 iPhone 內因為安全考量,只有幾個特定的地方可以寫入資料,當 App 安裝後 iPhone 會為 App 建立沙盒 (Sandbox),每個沙盒都會有一個特定的主目錄,而這些主目錄名稱都是獨一無二的 ID 名稱,在 iPhone 模擬器下也會有一個特定的資料夾,而在這資料夾下會有以下的檔案及資料夾:

名稱	說明
Doucments	存放的檔案可以和電腦共享的檔案,iTunes 同步時會同步該資料夾
Library	在 Library 下分別還有 Cache、Preferences 兩個資料夾。 Cache:緩衝區,如有資料要寫入時,可以先放到緩衝區,當 App 結束時再寫入檔案中。 Preferences:App 設定檔存放的地方
tmp	暫存檔路徑,當 App 結束時該資料夾就會清空。

首先建立一個專案，來看看如何尋找資料夾的路徑！

Step **1** 建立 Single View Application 專案，專案名稱為 File。

Step **2** 編輯 ViewController.swift。

```swift
override func viewDidLoad() {
    super.viewDidLoad()
    let home = NSHomeDirectory()
    NSLog(home)
    let temp = NSTemporaryDirectory()
    NSLog(temp)
    let documents = home + "documents"
    NSLog(documents)
}
```

從程式碼可看到，取得檔案的路經都是使用 NSString 的類別存放，而要取得主目錄是透過 NSHomeDirectory()來取得，而暫存檔是透過 NSTemporary Directory()；比較不同的是 Documents 資料夾的取得，要取得 Documents 資料夾，需透過 NSHomeDirectory()方法先取得主目錄路徑，再由 appending 連接 "Documents"，這樣來取得。

最後，使用 NSLog 的方式將這些檔案路徑印出來。

Step **3** 編譯專案

這邊的重點不是在 iPhone 上，所以並不用看到模擬器的狀態，編譯完之後，在除錯區域可以看到這些檔案的路徑，如下列敘述：

```
2017-02-20 16:50:38.452 File[10038:457447] /Users/username/Library/Developer/
CoreSimulator/Devices/6EFB9D52-855F-4110-8993-91DED1838E2F/data/Containers/Data/
Application/E2CCA659-A1A7-4E88-99B8-E97C2D2D03EB
2017-02-20 16:50:38.453 File[10038:457447] /Users/username /Library/Developer/
CoreSimulator/Devices/6EFB9D52-855F-4110-8993-91DED1838E2F/data/Containers/
Data/Application/E2CCA659-A1A7-4E88-99B8-E97C2D2D03EB/tmp/
2017-02-20 16:50:38.454 File[10038:457447] /Users/username /Library/Developer/
CoreSimulator/Devices/6EFB9D52-855F-4110-8993-91DED1838E2F/data/Containers/
Data/Application/E2CCA659-A1A7-4E88-99B8-E97C2D2D03EB/Documents
```

接著是一段英文與數字的檔案，這個就是該 App 的 ID 資料夾，該 App 的檔案都是儲存在該資料夾下！

也可以從 Finder 找到該路徑的資料內容，但是在 Finder 下 Library 是隱藏起來的，因此開啟 Finder 點選前往 -> 前往檔案夾...，如下圖：

接著輸入要前往的檔案路徑，在此輸入"~/Library"，如下圖：

接著會開啟開資料夾目錄，並且依照上面 NSLog 的路徑尋找，可以看到該 App 下主目錄下的檔案內容，如下圖：

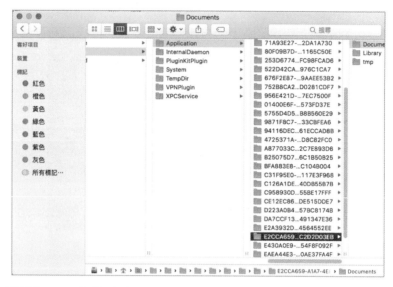

到現在已經對 App 的檔案有了一點基本的概念了，在往後的章節會介紹如何讀取 plist 檔案。

File 完整程式碼

範例程式：ViewController.swift

```
01  import UIKit
02  class ViewController: UIViewController {
03      override func viewDidLoad() {
04          super.viewDidLoad()
05          let home = NSHomeDirectory()
06          NSLog(home)
07          let temp = NSTemporaryDirectory()
08          NSLog(temp)
09          let documents = home + "documents"
10          NSLog(documents)
11      }
12      override func didReceiveMemoryWarning() {
13          super.didReceiveMemoryWarning()
14          // Dispose of any resources that can be recreated.
15      }
16  }
```

27
CHAPTER

Movie

播放影片在 iOS 裝置中很常見，目前很多影片的播放都是在 Youtube 上，但只是這會需要有網路的情況下，才可以觀看 Youtube 的影片，如果要在沒有網路的情況下觀看影片，這時就需要播放 iOS 裝置內的影片，可以透過 AVKit.framework、AVFoundation.framework 這兩個框架來幫我們播放影片，接下來將完成一個簡單的播放影片 App。

Step 1 建立 Single View Application 專案，專案名稱為 Video。

在建立專案前，記得要準備好一段影片，這樣專案才有影片內容可以播放。建置完專案後，先加入導入 AVKit、AVFoundation，如以下程式碼：

```
import UIKit
import AVKit
import AVFoundation
class ViewController: UIViewController {
    ...
}
```

影片加入專案中，可以在專案資料夾中看到該影片
檔，從右圖可以看到我們使用的影片檔案格式是
mp4 的格式。

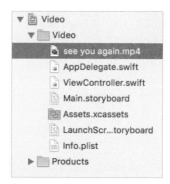

Step 2　編輯 Main.storyboard

加入一個 Button，修改一下 Button 的大小，並且設定 Text 的文字，如下圖，
當觸發該按鈕時會開始播放影片，因此會需要撰寫一個 IBAction 的方法。

Step 3　編輯 ViewController.swift

```
@IBAction func buttonPlay(_ sender: AnyObject) {  }
```

定義一個 IBAction 的 buttonPlay 方法。

Step 4　繼續編輯 ViewController.swift

```
@IBAction func buttonPlay(_ sender: AnyObject) {
    let path : String = Bundle.main.path(forResource: "see you again",
                                         ofType: "mp4")!
    let url = URL(fileURLWithPath : path)
    let player = AVPlayer(url: url)
    let playerViewController = AVPlayerViewController()
    playerViewController.player = player
    self.present(playerViewController, animated: true) {
        playerViewController.player!.play()
    }
}
```

在 buttonPlay: 方法一開始要取得影片檔案的路徑，其中 "see you again" 為檔案名稱，mp4 為檔案格式。

```
let path : String = Bundle.main.path(forResource: "see you again", ofType: "mp4")!
```

將路徑指定給 url 物件變數

```
let url = URL(fileURLWithPath : path)
```

透過 AVPlayerViewController 這個類別來播放影片。

```
let player = AVPlayer(url: url)
let playerViewController = AVPlayerViewController()
playerViewController.player = player
```

最後透過 present 將畫面轉換到影片畫面。

```
self.present(playerViewController, animated: true) {
    playerViewController.player!.play()
}
```

Step 5 建立關連與編譯專案

最後記得將 buttonPlay 方法與按鈕建立關
連。編譯專案後按下按鈕即可播放影片，要
回到原本的畫面，只要按下播放畫面的左上
角的「Done」按鈕即可，當裝置旋轉時，
影片也會跟著旋轉。

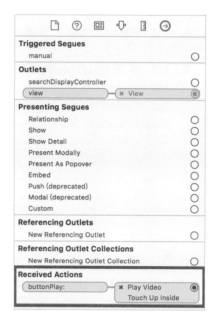

若此時除錯區域出現以下錯誤，代表影片為加進 copy bundle resources 之中。

```
fatal error: unexpectedly found nil while unwrapping an
Optional value
(lldb)
```

如何加進 copy bundle resources？請點選 Video 專案，並選擇右方的 Build Phases，Build Phases 底下的 copy bundle resources，加入該影片後，再重新編譯專案，就會成功顯示了。

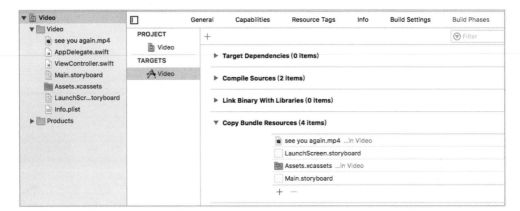

28

CHAPTER

Email

在 iPhone 應用程式中有些會提供發送 E-mail 的功能,而 E-mail 在 iPhone 也有內建提供了,接下來使用一個簡單的範例讓我們可以發送 E-mail。在模擬器中無法發送郵件,需要將程式建置到實體裝置中才能測試。

接著建立一個範例,讓我們自行輸入一小段 E-mail 內容,按下 Send 即可開啟 E-mail 讓我們發送 mail。

Step 1 建立 Single View Application 專案,專案名稱為 Email。

Step 2 編輯 Main.storyboard。

加入一個 TextField 與一個 Button，如下圖：

這裡記得修改一下 Button 按鈕的文字，修改為「Send」。

Step 3 加入 MessageUI.framework

要發送 E-mail 需透過 iOS 提供的 MessageUI.framework 來幫忙。加入的方法如同之前 CoreData.framework，在此就不再贅述。

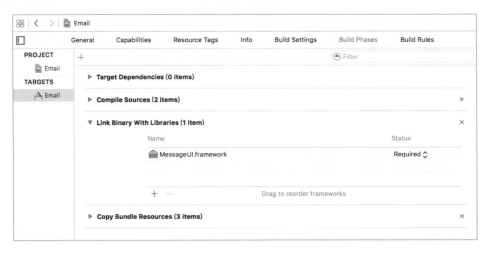

Step 4 編輯 ViewController.swift

```
import UIKit
import MessageUI
class ViewController: UIViewController ,MFMailComposeViewControllerDelegate {
    @IBOutlet var textfield: UITextField!
    @IBAction func sendMail(_ sender: AnyObject) {    }
    ...
}
```

一 開 始 記 得 要 導 入 MessageUI 框 架 與 繼 承 使 用 MFMailComposeView
ControllerDelegate。sendMail: 方法是當「Send」按鈕觸發時，會執行發送
E-mail 的動作，接著可以看到 iPhone 內建的 E-mail 介面。

Step 5 編輯 sendMail

```
@IBAction func sendMail(_ sender: AnyObject) {
    let mailComp = MFMailComposeViewController()
    mailComp.mailComposeDelegate = self
    mailComp.setSubject("Test")
    mailComp.setMessageBody(textfield.text!, isHTML: false)
    self.present(mailComp, animated: true, completion: nil)
}
```

定義一個 MPMailComposeViewController 類別的 mailComp 變數。

```
let mailComp = MFMailComposeViewController()
```

指定 mailComp 的 mailComposeDelegate 為 self。

```
mailComp.mailComposeDelegate = self
```

取得在 TextField 輸入的文字內容：

```
mailComp.setSubject("Test")
mailComp.setMessageBody(textfield.text!, isHTML: false)
self.present(mailComp, animated: true, completion: nil)
```

將畫面轉到 iPhone 內建 E-mail 編輯畫面，如下圖：

在這邊你是否會有疑問！？如果發送 E-mail 或是取消 E-mail 的同時，希望可以執行別的動作呢？這可以透過 mailComposeController:didFinishWith result: error: 方法來達到。

MFMailComposeResult 有四種情況，如下表：

狀態	說明
MFMailComposeResult.cancelled	取消發送 E-mail 時執行
MFMailComposeResult.saved	將 E-mail 儲存時執行
MFMailComposeResult.sent	發送完 E-mail 執行
MFMailComposeResult.failed	當 E-mail 儲存或是發送失敗時執行

```
func mailComposeController(_ controller: MFMailComposeViewController,
              didFinishWith result: MFMailComposeResult,
              error: Error?) {
    switch result {
```

```
case MFMailComposeResult.cancelled:
    print("Cancel")
case MFMailComposeResult.saved:
    print("Save")
case MFMailComposeResult.sent:
    print("Sent")
case MFMailComposeResult.failed:
    print("Failed")
default:
    print("")
}
dismiss(animated: true, completion: nil)
}
```

mailComposeController:didFinishWith result: error:透過該方法，使用一個簡
單的 switch 來判斷要執行什麼 print 訊息。

Step 6 　建立關連與編譯專案

建立「Send」按鈕與 sendMail:的關聯。此時輸入 To: (接收 E-mail 的人)並且
按下 E-mail 右上方的 Send 按鈕，在除錯區域可以看到 print 的訊息。

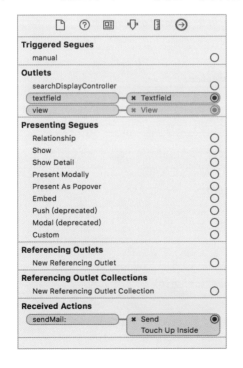

Email 完整程式碼

範例程式：ViewController.swift

```
01  import UIKit
02  import MessageUI
03  class ViewController: UIViewController, MFMailComposeViewControllerDelegate {
04      @IBOutlet var textfield: UITextField!
05      @IBAction func sendMail(_ sender: AnyObject) {
06          let mailComp = MFMailComposeViewController()
07          mailComp.mailComposeDelegate = self
08          mailComp.setSubject("Test")
09          mailComp.setMessageBody(textfield.text!, isHTML: false)
10          self.present(mailComp, animated: true, completion: nil)
11      }
12      func mailComposeController(_ controller: MFMailComposeViewController,
13                  didFinishWith result: MFMailComposeResult,
14                  error: Error?) {
15          switch result {
16          case MFMailComposeResult.cancelled:
17              print("Cancel")
18          case MFMailComposeResult.saved:
19              print("Save")
20          case MFMailComposeResult.sent:
21              print("Sent")
22          case MFMailComposeResult.failed:
23              print("Failed")
24          default:
25              print("")
26          }
27          dismiss(animated: true, completion: nil)
28      }
29      override func viewDidLoad() {
30          super.viewDidLoad()
```

```
31        }
32        override func didReceiveMemoryWarning() {
33            super.didReceiveMemoryWarning()
34            // Dispose of any resources that can be recreated.
35        }
36    }
```

Property List

在 iOS 中使用到 plist 的應用很多，在專案建立時也會自動產生一個 plist -- Info.plist 的檔案，裡面記錄了該專案的一些基本設定，接著使用一個簡單的範例來看看可能會比較容易了解。

在建立專案前，請先思考一下，當我們有很多筆資料要呈現時，使用哪種方式會比較好呢？答案是 Table View，透過 Table View 將資料一筆一筆放到 TableView 的 cell 中，這樣的表現方式是再好不過的了，由於前面的專案都是使用 Single View Application，然後再透過手動的方式加入 Table View，這都是為了讓大家先能了解他的來龍去脈，既然現在都已經熟知了，直接使用 Xcode 提供的樣版可以讓我們更快速的開發。

Step 1 建立 Master-Detail Application，專案名稱為 plist。

這邊需注意的是不要勾選「Use Core Data」，因為尚未需要使用該功能。

Step 2 建立 plist 檔案

在專案資料夾右鍵 -> New File -> iOS -> Resource -> Property List -> Next，
如下圖，接著命名該檔案，在此我們將檔案名稱命名為 User.plist。

建立檔案後，接著按 User.plist 右鍵 -> Open As -> Source Code。

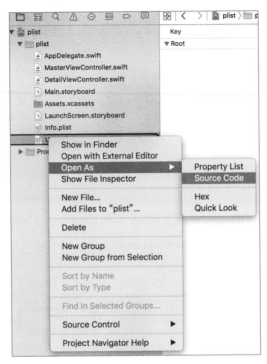

📇 範例程式

```
01  <?xml version="1.0" encoding="UTF-8"?>
02  <!DOCTYPE plist PUBLIC "-//Apple Computer//DTD PLIST 1.0//EN"
03  "http://www.apple.com/DTDs/PropertyList-1.0.dtd">
04  <!--
05     User.plist
06     plist
07     Copyright (c) 2017 年 Sample. All rights reserved.
08  -->
09  <plist version="1.0">
10     <dict>
11
12     </dict>
13  </plist>
```

可以發現檔案內容的一開始是 xml，其實這只是 Apple 定義的 DTD 格式的 XML 檔案。plist 允許儲存 NSDictionary、NSArray、NSString、NSNumber、NSData、NSDate 類別的內容。

接著再按 User.plist 右鍵 -> Open As -> Property List，可以看到預設一開始是以 NSDictionary 的方式儲存，如下圖：

Key	Type	Value
▼ Root	Dictionary	(0 items)

有多筆資料時，可以使用 NSArray 或 NSDictionary 封裝資料後再寫入 plist 檔案。

首先，使用 NSArray 儲存使用者的名稱，因此將 Type 改為 Array，並點選旁邊的「+」號，新增資料每筆資料的形態都為 String，並且給予一個 value 值，如下圖：

Key	Type	Value
▼ Root	Array	(3 items)
Item 0	String	Amber
Item 1	String	Sam
Item 2	String	Lin

Step 3　編輯 MasterViewController.swift

因為使用的是專案的樣版，所以一開始就會產生 MasterViewController 的檔案，開啟 Main.storyboard，可以看到該專案有使用了 Navigation Controller 與 TableView Controller，Table View 點選時會切換到 ViewController，該專案的一開始進入畫面會是 Table View Controller，從下圖可看到控制該 Controller 的是 MasterView Controller，因此要修改該檔案。

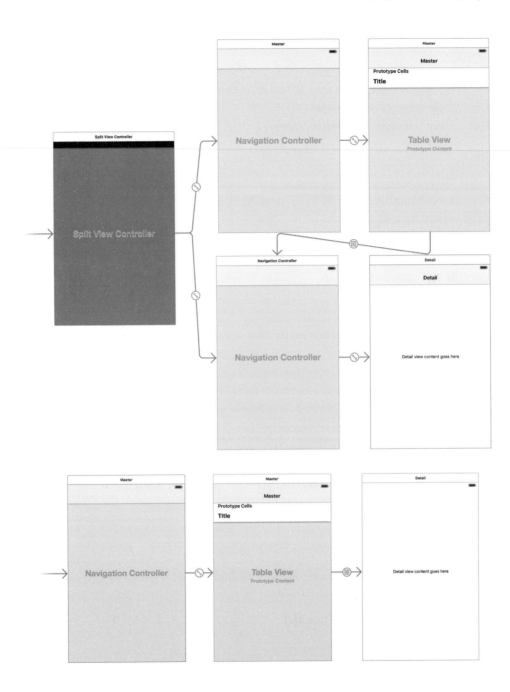

📋 **範例程式**

```
01   import  UIKit
02   class MasterViewController: UITableViewController {
03       var objects = [AnyObject]()
04       var userName =  NSMutableArray()
05       ...
06   }
```

定義一個 NSMutableArray 類別的 user 變數，該陣列變數用來儲存從 plist 檔案取得的使用者名稱。

Step **4**　繼續編輯 MasterViewController.swift

```
override func viewDidLoad() {
    super.viewDidLoad()
    /*
    self.navigationItem.leftBarButtonItem = self.editButtonItem

    let addButton = UIBarButtonItem(barButtonSystemItem: .add, target:
    self, action: #selector(insertNewObject(_:)))
    self.navigationItem.rightBarButtonItem = addButton
    if let split = self.splitViewController {
    let controllers = split.viewControllers
    self.detailViewController = (controllers[controllers.count-1] as!
    UINavigationController).topViewController as? DetailViewController
    }
    */
}
```

開啟 MasterViewController.swift 檔後，可看到 viewDidLoad 這個方法內已經有一些程式碼，可以先將這些程式碼註解掉，之後有使用到時再來解釋，只要保留第一行 super.viewDidLoad( )。

```
override func viewDidLoad() {
    super.viewDidLoad()
    let path : NSString = Bundle.main.path(forResource: "User",
                            ofType: "plist")! as NSString
    userName = NSMutableArray(contentsOfFile: path as  String)!
    ...
}
```

首先要取得檔案的路徑，所以使用 Bundle 這個類別取得該專案.app 的資料夾路徑，需注意的是取得路徑後，後面使用 path: 指定檔案的名稱，ofType 指定該檔案的附檔名。

取得 User.plist 檔案路徑後，接著要將該檔案的內容指定給 userName 這個 NSMutableArray 類別的變數，contentsOfFile 指定為該檔案的路徑，就會將 User.plist 的檔案內容放到 userName 內。

接著修改 tableView:numberOfRowsInSection:，改為回傳 userName 的陣列個數。

```
override func tableView(_ tableView: UITableView,
                numberOfRowsInSection section: Int) -> Int  {
    return  userName.count
}
```

因為 cell 個數設定 cell 的 Table 的 text，因此需修改 tableView:cellForRowAt IndexPath:把原本自動產生的程式碼註解掉，加入 userName.objectAtIndex (indexPath.row)取得陣列的內容指定給 cell.textLable.text。

```
override func tableView(_ tableView: UITableView,
    cellForRowAt indexPath: IndexPath) -> UITableViewCell {
    let cell = tableView.dequeueReusableCell(withIdentifier: "Cell",
                                for: indexPath)
    // let object = objects[indexPath.row] as! NSDate
    // cell.textLabel!.text = object.description

    cell.textLabel?.text = userName.object(at: indexPath.row) as! String

    return  cell
}
```

Step 5 編譯專案

編譯專案完成後，一進入模擬器就可以看 User.plist 的檔案內容都顯示在 Table View 上了，由於原本的專案點選每個 cell 是可以看到細部資訊的，所以接下來針對每個使用者加入電話號碼來做修改。

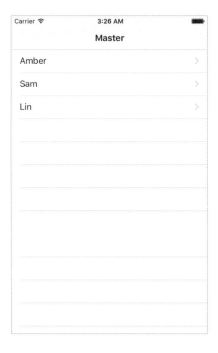

Plist 完整程式碼

📑 範例程式：MasterViewController.swift

```
01  import  UIKit
02  class MasterViewController: UITableViewController  {
03      var detailViewController: DetailViewController? = nil
04      var objects = [AnyObject]()
05      var userName =  NSMutableArray()
06      override func viewDidLoad() {
07          super.viewDidLoad()
08          let path : NSString = Bundle.main.path(forResource: "User",
09                              ofType:  "plist")! as NSString
10          userName = NSMutableArray(contentsOfFile: path as  String)!
11          /*
12           self.navigationItem.leftBarButtonItem = self.editButtonItem
13
14           let addButton = UIBarButtonItem(barButtonSystemItem: .add, target:
15           self, action: #selector(insertNewObject(_:)))
16           self.navigationItem.rightBarButtonItem = addButton
17           if let split = self.splitViewController {
18           let controllers = split.viewControllers
```

```
19              self.detailViewController = (controllers[controllers.count-1] as!
20                  UINavigationController).topViewController as? DetailViewController
21              }
22              */
23          }
24          override func viewWillAppear(_ animated: Bool)  {
25              self.clearsSelectionOnViewWillAppear =
26                                      self.splitViewController!.isCollapsed
27              super.viewWillAppear(animated)
28          }
29          override func didReceiveMemoryWarning() {
30              super.didReceiveMemoryWarning()
31              // Dispose of any resources that can be recreated.
32          }
33          func insertNewObject(_ sender: AnyObject)  {
34              objects.insert(Date() as AnyObject, at: 0)
35              let indexPath = IndexPath(row: 0, section: 0)
36              self.tableView.insertRows(at: [indexPath], with: .automatic)
37          }
38
39          // MARK: - Segues
40          override func prepare(for segue: UIStoryboardSegue,  sender: Any?)  {
41              if segue.identifier == "showDetail"  {
42                  if let indexPath = self.tableView.indexPathForSelectedRow  {
43                      let object = objects[(indexPath as NSIndexPath).row] as! Date
44                      let controller = (segue.destination as! UINavigationController)
45                      .topViewController as! DetailViewController
46                      controller.detailItem = object as AnyObject?
47                      controller.navigationItem.leftBarButtonItem =
48                      self.splitViewController?.displayModeButtonItem
49                      controller.navigationItem.leftItemsSupplementBackButton = true
50                  }
51              }
52          }
53          // MARK: - Table View
54          override func  numberOfSections(in tableView:
55              UITableView) -> Int  {
56              return  1
57          }
```

```
58      override func tableView(_ tableView: UITableView,
59                  numberOfRowsInSection section: Int) -> Int  {
60          return  userName.count
61      }
62      override func tableView(_ tableView:  UITableView,
63          cellForRowAt indexPath: IndexPath) -> UITableViewCell  {
64          let cell = tableView.dequeueReusableCell(withIdentifier: "Cell",
65                                  for: indexPath)
66          // let object = objects[indexPath.row] as! NSDate
67          // cell.textLabel!.text = object.description
68
69          cell.textLabel?.text = userName.object(at: indexPath.row) as! String
70
71          return  cell
72      }
73      override func tableView(_ tableView: UITableView,
74                  canEditRowAt indexPath: IndexPath) -> Bool  {
75          // Return false if you do not want the specified item to be editable.
76          return true
77      }
78      override func tableView(_ tableView: UITableView,
79                  commit editingStyle: UITableViewCellEditingStyle,
80          forRowAt indexPath: IndexPath) {
81          if editingStyle == .delete {
82              objects.remove(at: (indexPath as NSIndexPath).row)
83              tableView.deleteRows(at: [indexPath], with: .fade)
84          } else if editingStyle == .insert {
85              // Create a new instance of the appropriate class, insert it
86                  into the array, and add a new row to the table view.
87          }
88      }
89  }
```

📑 範例程式：DetailViewController.swift

```
01  import UIKit
02  class DetailViewController: UIViewController {
03      @IBOutlet weak var detailDescriptionLabel: UILabel!
04      var detailItem: AnyObject? {
05          didSet {
```

```
06              // Update the view.
07              self.configureView()
08          }
09      }
10      func configureView() {
11          // Update the user interface for the detail item.
12          if let detail = self.detailItem {
13              if let label = self.detailDescriptionLabel {
14                  label.text = detail.description
15              }
16          }
17      }
18      override func viewDidLoad() {
19          super.viewDidLoad()
20          // Do any additional setup after loading the view, typically from a nib.
21          self.configureView()
22      }
23      override func didReceiveMemoryWarning() {
24          super.didReceiveMemoryWarning()
25          // Dispose of any resources that can be recreated.
26      }
27  }
```

30

CHAPTER

plist 2

在前面的專案只有一個使用者名稱的資料，如果還須記錄使用者的電話號碼，這時需要修改 plist 檔案的結構；每個使用者需對應一個電話號碼，因此原本的 Array 資料陣列下，不是儲存 String 型態了，應該修改成 Dictionary，每個使用者就是一本字典(Dictionary)，該字典內儲存著使用者的名稱及電話號碼，要查詢該字典的使用者名稱及電話號碼，需透過 Key(關鍵值)來查詢，在此設定 Name 為人名，Phone 為電話號碼。

開啟 plist 檔案，點選到 Key 值為 Root 的選項，將 Root 選項前的的三角形點選展開(三角形箭頭會變成指向下方)，接著再點「+」號。

點選完後會看到下方會新增一個選項，預設的形態為 String，要將它改成 Dictionary。

Key	Type	Value
▼ Root	Array	(1 item)
Item 0	String	

將型態改成 Dictionary 後,可在前面看到一個三角形圖示,我們需要在 Dictionary 內建立 Phone 與 Name 的欄位屬性,因此點選該三角形(三角形箭頭會指向下方)。

當三角形指向下方時,連續點選兩次「+」號,就可以得到兩個新的屬性欄位。

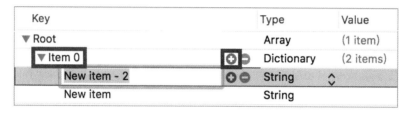

接著修改欄位的 Key 值與 Value 值,如下圖。

Key	Type	Value
▼ Root	Array	(1 item)
▼ Item 0	Dictionary	(2 items)
Phone	String	0212345678
Name	String	Amber

重複上述的步驟,建立三個 Dictionary,修改完後資料結構會如下圖所示:

Key	Type	Value
▼ Root	Array	(3 items)
▼ Item 0	Dictionary	(2 items)
Phone	String	0912345678
Name	String	Sam
▼ Item 1	Dictionary	(2 items)
Phone	String	0998765432
Name	String	Lin
▼ Item 2	Dictionary	(2 items)
Phone	String	0212345678
Name	String	Amber

在 Array 下有三組 Dictionary 資料，每個字典內又有兩個 String 型態的資料，每個 String 變數都要給定一個 Key 值，之後取得資料需透過這個 Key 值來取得。

因為資料的結構做了修改，所以程式碼需要做些調整，找到 tableView: cellForRowAtIndexPath: 這個方法，原本是根據陣列的 objectAtIndex 直取得陣列內的資料，然而現在資料內不再是單純的 String 型態的資料，而是 Dictionary，所以取得值須透過 Key 值來取得，程式碼如下：

```
override func tableView(_ tableView: UITableView,
            cellForRowAt indexPath: IndexPath) -> UITableViewCell {
    let cell = tableView.dequeueReusableCell(withIdentifier: "Cell",
                                    for: indexPath)
    cell.textLabel?.text = (userName.object(at: indexPath.row) as AnyObject)
                            .object(forKey: "Name") as? String
    return  cell
}
```

在原本的 objectAtIndex 取得陣列的索引值後，再使用 objectForKey 來取得 Key 值為 Name 的值。

編譯專案後可以發現 Table View 中還是一樣取得每個 Dictionary 中的 Name 值欄位的值，如右圖。

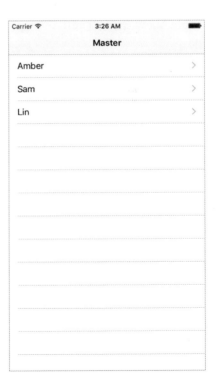

接著是點選使用者後要顯示該使用者的電話號碼，因此在轉換畫面時，需要知道使用者點選了哪個使用者，這就需依賴參數的傳遞了，如果對於 prepare: 這個方法還有印象的話，傳遞參數可以透過這個方法來完成。

```
override func prepare(for segue: UIStoryboardSegue, sender: Any?) {
    if segue.identifier == "showDetail" {
        if let indexPath = self.tableView.indexPathForSelectedRow {
            //let object = objects[indexPath.row] as! NSDate
            (segue.destination as! DetailViewController).detailItem =
                    userName.object(at: indexPath.row) as AnyObject?
        }
    }
}
```

不知道你是否還有印象 segue identifier，這是根據 storyboard 上設定的值來尋找的，如果忘記了可以前往 Table View 傳遞參數的章節回顧一下。

保留第一個 NSIndexPath，透過 indexPathForSelectedRow 可以取得我們點選 Table View 第幾個 cell。

將 NSData 註解，下一行修改成(segue.destination as! DetailViewController). detailItem = userName.object(at: indexPath.row) as AnyObject?，是因為要傳遞示 userName 陣列中點選第幾個使用者的值過去。

這時你可能會好奇 detailItem 是什麼？其實 detailItem 是 property 的預設方法，可以看到 DetailViewController.swift 檔案

```
override func viewDidLoad() {
    super.viewDidLoad()
    self.configureView()
}
```

viewDidLoad 方法內並沒有將 detailItem 指定給 UILabel 的 detailDesciptionLable，而是呼叫了一個 configureView 的方法。所以再找一下就可以看到 configureView 的方法：

```
func configureView() {
    // Update the user interface for the detail item.
    if let detail = self.detailItem {
        if let label = self.detailDescriptionLabel {
            label.text = self.detailItem!.object(forKey: "Phone") as? String
```

```
            }
        }
    }
```

在這個方法內可以看到指定值給 detailDescriptionLabel.text，而原本的只是將 MasterViewController 傳遞過來的值印出來，並沒有取得到電話號碼的資料，因此將原本的 self.detailItem 後改為使用 object: 針對「Phone」這個 Key 取得該使用者的電話。

再次編譯專案，可以發現點選使用者時，會根據你點選的使用者出現不同的電話號碼。

plist 完整程式碼

範例程式：MasterViewController.swift

```
01  import UIKit
02  class MasterViewController: UITableViewController {
03      var detailViewController: DetailViewController? = nil
04      var objects = [AnyObject]()
05      var userName =  NSMutableArray()
```

```
06    override func viewDidLoad() {
07        super.viewDidLoad()
08        let path : NSString = Bundle.main.path(forResource: "User",
09                                        ofType:  "plist")! as NSString
10        userName = NSMutableArray(contentsOfFile: path as  String)!
11        // Do any additional setup after loading the view, typically from a nib.
12        /*
13         self.navigationItem.leftBarButtonItem = self.editButtonItem()
14         let addButton = UIBarButtonItem(barButtonSystemItem: .Add, target:
15         self, action: "insertNewObject:")
16         self.navigationItem.rightBarButtonItem = addButton
17         if let split = self.splitViewController {
18         let controllers = split.viewControllers
19         self.detailViewController = (controllers[controllers.count-1] as!
20         UINavigationController).topViewController as? DetailViewController
21         }
22         */
23    }
24    override func viewWillAppear(_ animated: Bool)  {
25        self.clearsSelectionOnViewWillAppear =
26                            self.splitViewController!.isCollapsed
27        super.viewWillAppear(animated)
28    }
29    override func didReceiveMemoryWarning() {
30        super.didReceiveMemoryWarning()
31        // Dispose of any resources that can be recreated.
32    }
33    func insertNewObject(_ sender: AnyObject)  {
34        objects.insert(Date() as AnyObject, at:  0)
35        let indexPath = IndexPath(row: 0, section:  0)
36        self.tableView.insertRows(at: [indexPath], with: .automatic)
37    }
38    // MARK: - Segues
39    override func prepare(for segue: UIStoryboardSegue,  sender: Any?) {
40        if segue.identifier == "showDetail"  {
41            if let indexPath = self.tableView.indexPathForSelectedRow  {
42                //let object = objects[indexPath.row] as!  NSDate
43                (segue.destination as! DetailViewController).detailItem =
44                    userName.object(at: indexPath.row) as AnyObject?
```

```
45                }
46            }
47        }
48        // MARK: - Table View
49        override func  numberOfSections(in tableView: UITableView) -> Int {
50            return  1
51        }
52        override func tableView(_ tableView:  UITableView,
53                            numberOfRowsInSection section: Int) -> Int {
54            return   userName.count
55        }
56        override func tableView(_ tableView: UITableView,
57                    cellForRowAt indexPath: IndexPath) -> UITableViewCell {
58            let cell = tableView.dequeueReusableCell(withIdentifier: "Cell",
59                                                for: indexPath)
60            cell.textLabel?.text = (userName.object(at: indexPath .row)
61                            as AnyObject).object(forKey: "Name") as? String
62            return   cell
63        }
64        override func tableView(_ tableView: UITableView,
65                        canEditRowAt indexPath: IndexPath) -> Bool  {
66            // Return false if you do not want the specified item to be editable.
67            return true
68        }
69        override func tableView(_ tableView: UITableView,
70                        commit editingStyle: UITableViewCellEditingStyle,
71                        forRowAt indexPath: IndexPath) {
72            if editingStyle == .delete {
73                objects.remove(at: indexPath.row)
74                tableView.deleteRows(at: [indexPath], with: .fade)
75            } else if editingStyle == .insert {
76                // Create a new instance of the appropriate class, insert it
77                    into the array, and add a new row to the table view.
78            }
79        }
80    }
```

範例程式：DetailViewController.swift

```swift
01  import UIKit
02  class DetailViewController: UIViewController {
03      @IBOutlet weak var detailDescriptionLabel: UILabel!
04      var detailItem: AnyObject? {
05          didSet {
06              // Update the view.
07              self.configureView()
08          }
09      }
10      func configureView() {
11          // Update the user interface for the detail item.
12          if let detail = self.detailItem {
13              if let label = self.detailDescriptionLabel {
14                  label.text = self.detailItem!
15                                      .object(forKey: "Phone") as? String
16              }
17          }
18      }
19      override func viewDidLoad() {
20          super.viewDidLoad()
21          self.configureView()
22      }
23      override func didReceiveMemoryWarning() {
24          super.didReceiveMemoryWarning()
25          // Dispose of any resources that can be recreated.
26      }
27  }
```

31

plist 3

在之前的範例中,已經可以簡單的看到使用者的姓名與電話號碼,但是如果要新增呢?接下來加入新增的功能來更加完善這個 App。

Step 1 編輯 Main.storyboard

要新增使用者姓名與電話號碼就需要在多一個 ViewController,來讓我們輸入使用者的名稱與電話號碼,而新增需在 MasterViewController 加入一個新增的按鈕,但是在 MasterViewController 因為整個畫面都是 Table View 了,沒有地方可以放入 Button,這時可以看到 MasterViewController 的右方,可以在上方加入一個 Bar Button Item 按鈕,如下圖:

Bar Button Item 按鈕的 Identifier 設定為 Add,就會變成一個「+」號的按鈕。

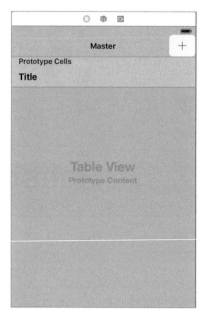

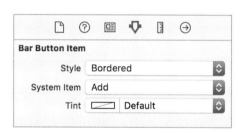

此時加入一個 ViewController 到 Storyboard 中，並且在該 ViewController 中
加入兩個 Label 元件提示使用者要輸入名字、電話號碼，以及兩個 Tex Field
元件讓使用者輸入名字、電話號碼。

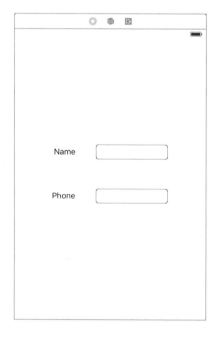

接著加入 View Controller，並且點選新增的 Bar Button Item，按住「control」鍵往 ViewController 拖曳，選擇 Push。

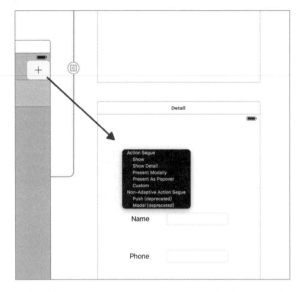
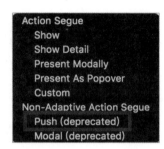

加入完成後，在 ViewController 上會出現一條 Navigation bar。

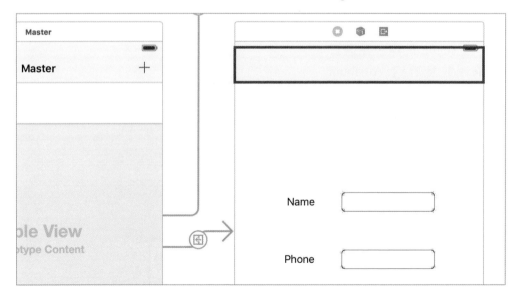

在 ViewController 右側新增一個 Bar Button Item Identifier 設定為 Save，最後
完成，如下圖：

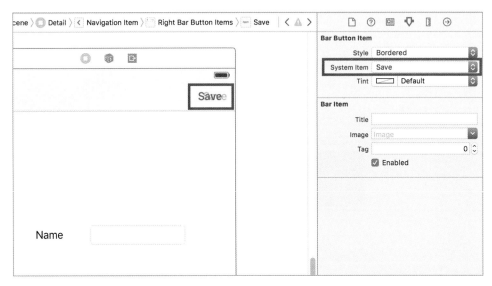

從右圖中可以看到因為從加
入按鈕新增一個關聯到
ViewController，所以又多
了一條 segue 的線，點選該
segue，並且看到 Attribute
Inspector。

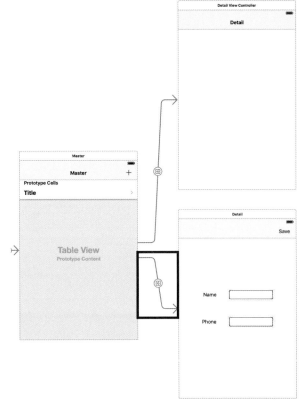

在 segue 的 Attribute Inspector 可看到 Identifier，給定一個「AddUser」值，
如下圖：

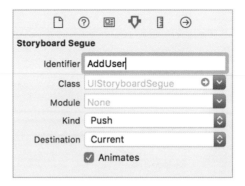

加入新的 View Controller，需加入程式碼來控制這個 View Controller，點選
專案右鍵 -> New File -> iOS -> Source -> Cocoa Touch -> Next，如下圖：

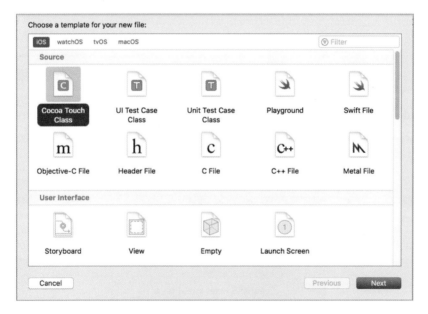

Subclass of 選擇 UIViewController，Class 名稱命名為 AddViewController，
完成後直接按 Next，如下圖：

加入 AddViewController 後，在專案檔案中會出現 AddViewController.swift。

接著就是要指定新加入的 ViewController 的 Class 為 AddViewController，點
選 ViewContrller，如下圖，並看到 Identity Inspector，將 Class 的值改為
AddViewController。

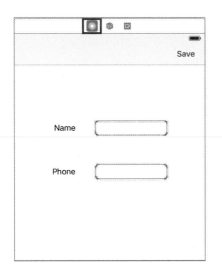

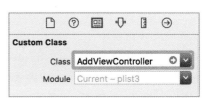

在回到 Main.storyboard 可以很清楚的看到該專案的操作流程，點選新增按鈕會切換到新增使用者姓名與電話號碼的畫面，點選 cell 可以看到該姓名的電話號碼，而接著就是要修改 AddViewController 的程式碼。

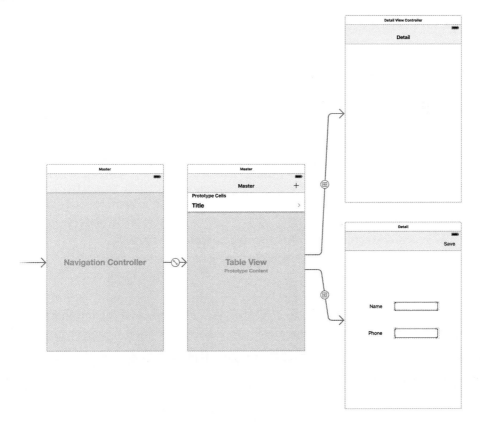

Step 2 編輯 AddViewController.swift

```
import UIKit
class AddViewController: UIViewController {
    var userData: NSMutableArray = []
    @IBOutlet var nameTextField: UITextField!
    @IBOutlet var phoneTextField: UITextField!
    @IBAction func save(_ sender: AnyObject) {  }
    ...
}
```

定義一個 NSMutableArray 類別的 userData 變數，userData 主要是用來取得所有使用者的名稱與電話號碼，在原本的 plist 檔案中已經有了 Amber、Sam、Lin 三個人名與電話號碼，因此 userData 是用來存放這些使用者名稱與電話，當我們新增一個人名為 Merry 與電話號碼時，將 Merry 加入 userData 陣列中，最後此陣列整個再寫入到 plist 檔案中。

兩個 UITextField 分別為 nameTextField 與 phoneTextField 來輸入姓名與電話號碼，save 為儲存按鈕的觸發事件。

Step 3 繼續編輯 AddViewController.swift

撰寫 save 方法

```
@IBAction func save(_ sender: AnyObject) {
    let user = NSMutableDictionary()
    user.setValue(nameTextField.text, forKey: "Name")
    user.setValue(phoneTextField.text, forKey: "Phone")
    userData.add(user)
    let path : NSString = Bundle.main.path(forResource: "User",
                                    ofType: "plist")! as NSString
    userData.write(toFile: path as String, atomically: true)
    self.navigationController?.popViewController(animated: true)
}
```

在 save 這個方法內，第一行可以看到定義一個 NSMutableDictionary 類別的 user 變數，用來存放我們新增的使用者名稱與電話號碼，這需注意的是將我們輸入的人名與電話號碼，都要使 forKey 這個方法給定一個 Key 值，並且這個 Key 值要與我們原本 plist 檔案中的一樣。

設定完之後使用 add: 將欲加入的名稱加入到 userData 陣列中，接著取得 User.plist 的檔案路徑，並將路徑指定給 path 變數。取得檔案路徑後，要將 userData 整個寫入 plist 檔案中，透過 write: 方法可以將檔案寫入，而緊接著是 atomically 設定為 true，此的參數的意思是在新增時會建立一個暫存檔，可以避免檔案在寫入的過程發意外，如果設定為 false，則直接寫入檔案，萬一寫入的過程發生問題，可能造成檔案的損毀，所以為了安全起，建議都設為 true，最後寫入檔案後，畫面要轉回到 MasterViewController，透過 navigationController 的 popViewController 方法可以轉回到 MasterViewController。

這時編譯專案，並且新增一筆資料，名稱為 Merry，電話為 123455， 按下儲存按鈕後，回到 MasterViewController，但是在 Table View 中並沒有看到我們新增的資料，因為 Table View 並沒有重新載入資料，所以我們需要回到 MasterViewController.swift 修改一下。

Step 4　編輯 MasterViewController.swift

```swift
override func viewWillAppear(_ animated: Bool) {
    super.viewWillAppear(animated)
    self.tableView.reloadData()
}
override func prepare(for segue: UIStoryboardSegue, sender: Any?) {
```

```
    if segue.identifier == "showDetail"  {
        if let indexPath = self.tableView.indexPathForSelectedRow  {
            //let object = objects[indexPath.row] as!  NSDate
            (segue.destination as! DetailViewController).detailItem =
                    userName.object(at: (indexPath as NSIndexPath).row)
                    as AnyObject?
        }
    }
    if segue.identifier == "AddUser" {
        (segue.destination as! AddViewController).userData = userName
    }
}
```

加入 viewWillAppear: 這個方法,該方法是當畫面將要顯示時,會去執行的,與 viewDidLoad:的執行時間點不一樣,viewDidLoad: 是當畫面載入時就會執行, viewWillAppear:是當畫面要切換回來時才會執行。

在 viewWillAppear: 方法內要先使用 super 去呼叫 viewWillAppear 的方法,接著再使用 tableView 提供的 reloadData 方法,重新載入資料。再編譯一次專案,並且再次新增 Merry 這筆資料,就可看到新增結束時,Table View 中就出現了 Merry 這筆資料,點選 Merry 這筆資料也可以看到 Merry 的電話號碼,如下圖:

plist 4

到目前的已經可以新增資料到 User.plist 中，當你結束 iPhone 模擬器並且再次編譯時，不知道是否有發現到上次新增的 Merry 並沒有出現，此時回到 User.plist 查看一下，會發現 Merry 並沒有新增到 User.plist 內，這是因為我們建立的 User.plist，是放在 plist.app 這個套件下，可以透過滑鼠右鍵點選「顯示套件內容」打開此套件。在套件內是此專案的所有內容，而且檔案都是唯讀的，因此是不能修改的(資料結構可參考 File 文件)；為了要能夠讀、寫檔案，我們將 User.plist 檔案複製到 Documents 資料夾下，之後的讀取都是讀取 Documents 資料夾下的 User.plist 檔。

Key	Type	Value
▼ Root	Array	(3 items)
▼ Item 0	Dictionary	(2 items)
Phone	String	0912345678
Name	String	Sam
▼ Item 1	Dictionary	(2 items)
Phone	String	0998765432
Name	String	Lin
▼ Item 2	Dictionary	(2 items)
Phone	String	0212345678
Name	String	Amber

Step 1 編輯 MasterViewController.swift

```swift
override func viewDidLoad() {
    super.viewDidLoad()
    let path : NSString = Bundle.main.path(forResource: "User",
```

```
                                            ofType:  "plist")! as NSString
    //userName = NSMutableArray(contentsOfFile: path as  String)!
    ...
  }
```

原本是讀取 .app 檔案內的 User.plist 檔案，並且將檔案的內容指定給 userName，但因為唯讀的關係在 viewDidLoad 要將檔案複製到 Documents 資料夾下，將指定 path 檔案內容給 userName 的程式碼註解掉，修改後的程式碼如下：

```
override func viewDidLoad() {
    super.viewDidLoad()
    let path : NSString = Bundle.main.path(forResource: "User",
                                        ofType:  "plist")! as NSString
    //userName = NSMutableArray(contentsOfFile: path as  String)!

    // Do any additional setup after loading the view, typically from a nib.
    //1
    let fileManager = FileManager.default
    //2
    let paths : NSArray = NSSearchPathForDirectoriesInDomains(
                                    .documentDirectory,
                                    .userDomainMask, true) as NSArray
    let documentsDirectory = paths.object(at: 0) as! NSString
    let writablePath = documentsDirectory
                            .appendingPathComponent("User.plist")
    //3
    if !fileManager.fileExists(atPath: writablePath){
        do {
            try fileManager.copyItem(atPath: path as String,
                                    toPath: writablePath)
        } catch {
            print(error)
        }
    }
    //4
    userName = NSMutableArray(contentsOfFile: writablePath)!
}
```

1. FileManager 是 iOS 內建的文件管理，檔案的建立、刪除、複製、重新命名等都可以透過該類別來操作，因為要複製 User.plist 到 Documents，所以要先建立該類別的變數。

2. 這裡使用 NSSearchPathForDirectoriesInDomains 方法尋找 Documents 資料夾的路徑，因為該方法回傳的值是 NSArray，所以最後需將陣列中索引值為 0 的值指定給 NSString 類別的變數；接著定義要寫入檔案的路徑，並且在 Documents 路徑後連接上 User.plist。

3. MasterViewController 的 viewDidLoad 每次執行 App 時會執行該方法，所以使用 fileExists 判斷該檔案(User.plist)是否已經在 Documents 內，如果不在才會進行複製的動作，而複製透過 copyItem: 第一個 atPath 為複製的來源，toPath 則是複製的目的地。使用 do...catch、try 來防止複製時可能產生的錯誤。

4. 最後才將 Documents 的 User.plist 檔案內容指定給 userName。

Step 2　編輯 AddViewController.swift

編輯完讀取檔案的部份，在 AddViewController.swift 加入資料時，save 方法也需要改變寫入檔案的路徑，程式碼如下：

```swift
@IBAction func save(_ sender: AnyObject) {
    let user = NSMutableDictionary()
    user.setValue(nameTextField.text, forKey: "Name")
    user.setValue(phoneTextField.text, forKey: "Phone")
    userData.add(user)
    let paths : NSArray = NSSearchPathForDirectoriesInDomains(
                                    .documentDirectory,
                                    .userDomainMask, true) as NSArray
    print(paths)
    let documentsDirectory = paths.object(at: 0) as! NSString
    let writablePath = documentsDirectory
                                .appendingPathComponent("User.plist")
    userData.write(toFile: writablePath as String, atomically: true)
    self.navigationController?.popViewController(animated: true)
}
```

寫入檔案的方式跟 MasterViewController 讀取檔案的部份都一樣，沒有其他的不同。再編譯一次專案，發現 Documents 已經出現了 User.plist 的檔案，如下圖：

並且在模擬器上再次新增 Merry 這筆資料，新增完成時在開啟 Documents 下的 User.plist 檔案，如下圖：

Key	Type	Value
▼ Root	Array	(4 items)
▼ Item 0	Dictionary	(2 items)
Name	String	Sam
Phone	String	0912345678
▼ Item 1	Dictionary	(2 items)
Name	String	Lin
Phone	String	0998765432
▼ Item 2	Dictionary	(2 items)
Name	String	Amber
Phone	String	0212345678
▼ Item 3	Dictionary	(2 items)
Name	String	Merry
Phone	String	123455

在 Documents 下的 User.plist 檔案出現了 Merry 這筆資料了，這樣當您下次再編譯專案時，只要 User.plist 檔案還存在，Merry 這筆資料也還是會存在的喔。

既然有了新增資料，必定就會刪除資料，而 Table View 元件中已經有提供刪除的功能，只是使用手指頭向左滑動(在模擬器上需使用滑鼠點選向左滑動)，這時會出現 Delete 的按鈕，如下圖：

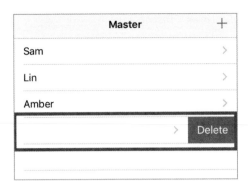

要啟動這項功能需透過 tableView:canEditRowAtIndexPath 這個方法，此方法
在專案的樣版已經幫我們建置好了，在 MasterViewController.swift 的地方。
這個方法回傳一個 true，表示可以使用這項功能，程式碼如下：

```swift
override func tableView(_ tableView: UITableView,
                       canEditRowAt indexPath: IndexPath) -> Bool {
    // Return false if you do not want the specified item to be editable.
    return true
}
```

然而啟用這項功能刪除之後，並沒有修改到 User.plist 檔案，首先來想想，要
刪除資料時第一件事情，就是要取得要刪除的是第幾筆資料，得知刪除的是
第幾筆資料後，需將該筆資料從 userName 中刪除，再重新將 userName 寫回
User.plist 檔案中。直接來看程式碼的部份：

```swift
override func tableView(_ tableView: UITableView,
                       commit editingStyle: UITableViewCellEditingStyle,
                       forRowAt indexPath: IndexPath) {
    // objects.remove(at: indexPath.row)
    if editingStyle == .delete {
        let paths : NSArray = NSSearchPathForDirectoriesInDomains(
                                    .documentDirectory,
                                    .userDomainMask, true) as NSArray
        let documentsDirectory = paths.object(at: 0) as! NSString
        let writablePath = documentsDirectory
                                    .appendingPathComponent("User.plist")

        userName.removeObject(at: indexPath.row)
        userName.write(toFile: writablePath, atomically: true)
        tableView.deleteRows(at: [indexPath], with: .fade)
```

```
    } else if editingStyle == .insert {
        // Create a new instance of the appropriate class, insert it into the
        // array, and add a new row to the table view.
    }
}
```

刪除後要寫入資料需透過 tableView:commitEditinStyle:forRowAtIndexPath: 這個方法，在此方法中可以看到 if 判斷，因為刪除所以 editingStyle 為 .delete，所以需修改 if 判斷的內容。

將該段程式碼註解掉，為的是要從陣列中刪除的陣列是 userName 這個陣列。

```
// objects.remove(at: indexPath.row)
```

加入下列 5 行程式，前 3 行是用來取得 User.plist 的檔案路徑；userName 使用 removeObjectAtIndex: 刪除 Table View 選取要刪除的資料，從 userName 陣列中刪除，再使用 write 將 userName 寫入 User.plist 檔案。

```
let paths: NSArray = NSSearchPathForDirectoriesInDomains(
                                    .documentDirectory,
                                    .userDomainMask, true) as NSArray
let documentsDirectory = paths.object(at: 0) as! NSString
let writablePath = documentsDirectory.appendingPathComponent("User.plist")

userName.removeObject(at: indexPath.row)
userName.write(toFile: writablePath, atomically: true)
```

最後只要 Documents 資料夾下的 User.plist 檔案沒有損毀或是刪除，每次存取的檔案都會如同你最後一次操作的畫面結果。

33

Core Data

大多數的 App 都會使用到載入資料、資料儲存、資料刪除,在前面 plist 的專案中,資料的操作都是從陣列中移進、移出並寫入檔案。

Core Data 是由 Apple 提出,早在 Mac OS X 10.4 Tiger 與 iOS 3.0 就出現了,Core Data 是一種 ORM(Object Relationships Mapping)的解決方案,如同 Java 的 Hibernate,將資料的處理方式分離出來,透過 Core Data 我們不需要再去撰寫 SQL 語法來處理資料,這樣可以省去 SQL 語法處理上的問題。Core Data 主要的部份有三個:

1. Managed Object Context
2. Persistent Store Coordinator
3. Persistent Object Store

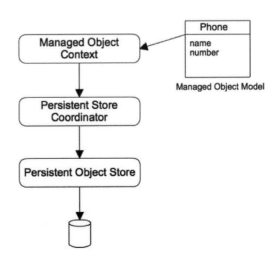

屬性	說明
Managed Object Context	這個類別記載了 App 中所有的 Entity，當你要求 Core Data 載入物件時，都需先向 Managed Object Context 提出要求。
Persistent Store Coordinator	Persistent Store Coordinator 的任務是管理資料文件，處理資料文件的讀取與寫入。
Persistent Object Store	Core Data 支援多種儲存的機制，因此不同的儲存機制，Persistent Object Store 也會不同。
Managed Object Model	是用來描述 Entity 的資料模型，這個模型包含實體的 Entity、Attribute、Relationships、Fetched properties。

在建置 Master-Detail Application 專案時，下有個 Core Data 選項，如下圖：

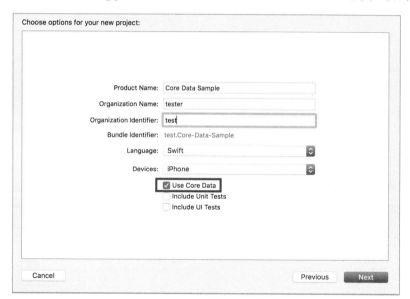

勾選 Core Data，並且建置專案後，可在專案的資料夾中看到 xcdatamodeld，如下圖：

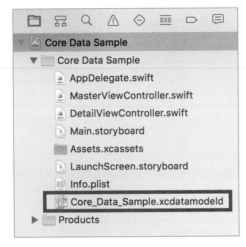

開啟 AppDelegate.swift 可以發現 Xcode 也已經替我們加上許多程式碼，這邊就不條列出來，待會兒試著自己加入 Core Data 再來看看加入哪些程式碼。

在這之前先對專案進行行編譯一次，編譯完專案後開啟該專案的資料夾內容，在 Documents 資料夾內可以看到一個 core_data_sample.sqlite 的檔案，這表示專案的預設是使用 SQLite 來儲存資料，如下圖：

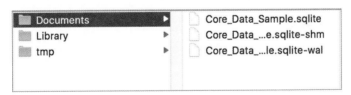

Step 1　建立 Master-Detail Application

在專案中加入 Core Data，首先建立一個 Master-Detail Application，這次記得不要勾選 Use Core Data，專案名稱為 core data。

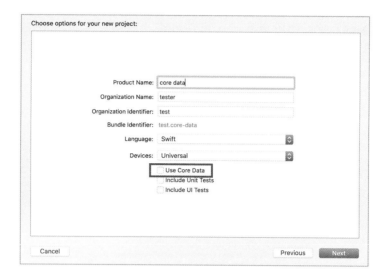

Step 2 加入 CoreData.framework

如同 SQLite 專案加入 libsqlite3.0.dylib，點選「＋」號，加入 CoreData.framework，
如下圖：

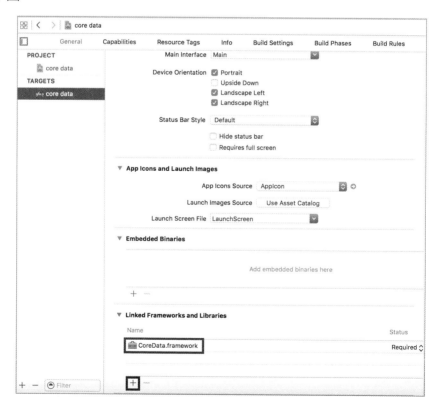

Step 3 加入 xcdatamodeld 檔案

點選專案資料夾右鍵 -> New File -> iOS -> Core Data -> Data Model ->
Next，如下圖：

檔案名稱命名為 core_data.xcdatamodeld，如下圖：

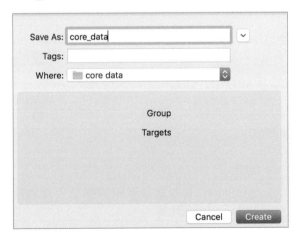

此時開啟 core_data.xcdatamodeld，可以發現裡面什麼都沒有，接著就是要新增資料表，如同前面 SQLite 中的 User 資料表，而在 Core Data 中的資料表稱之為 Entity。

首先加入一個名為 User 的 Entity，在上圖的下方可以看到一個大大的「＋」，點選它來加入一個 Entity，需注意的是 Entity 名稱的第一個字需為大寫，如右圖：

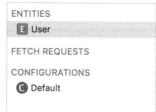

一個 Entity 有三種屬性：

屬性	說明
Attributes	Attributes 有如資料表中的欄位，可以設定欄位的型態為 String、Integer 等。
Relationships	假如有多個 Entity，Relationships 顧名思義就是用來定義兩個 Entity 的關連。
Fetched properties	允許我們建立一個查詢，例如現在在 User 的 Entity 中有一個 name 的 Attributes，我們可以建立一個 AllName 的 Fetched properties 來取得所有 User Entity 中的名稱。

首先，我們先在 Attributes 建立 name、phone，型態皆為 String，如下圖：

接著要加入 NSManagedObjectModel、NSManagedObjectContext、NSPersistentStoreCoordinator 這三個類別，如果將「Use Core Data」勾選起來，這三個類別是寫在 AppDelegate 中，寫在 AppDelegate 的好處是在 App 一執行時第一個會執行 AppDelegate 的程式，希望在一開始時就將 Core Data 做好處理，因此將這些類別寫入到 AppDelegate，接下來撰寫的程式碼都可以在原本使用 Core Data 建立專案時可看到的程式碼。

Step 4 編輯 AppDelegate.swift

```
import CoreData
```

定義三個 property 分別為這三個類別；saveContext 主要是用來判斷儲存是否有發生問題，當發生問題時會將儲存的動作中斷，並顯示錯誤訊息；applicationDocumentsDirectory: 此方法主要是用 Documents 資料夾的路徑。

```
func saveContext () {
    if managedObjectContext.hasChanges {
        do {
            try managedObjectContext.save()
        } catch {
            let nserror = error as NSError
            NSLog("Unresolved error \(nserror), \(nserror.userInfo)")
            abort()
        }
    }
}
```

saveContext:方法內主要是用來判斷 managedObjectContext 有改變時，或是儲存發生錯誤時，就會將該錯誤訊息印出來，並且中斷。

managedObjectContext 因為此時還沒宣告會出現錯誤，我們會在稍後進行宣告。

```swift
func applicationWillTerminate(_ application: UIApplication) {
    self.saveContext()
}
```

在原本就存在的 applicationWillTerminate 方法進行編輯，此方法內會執行 saveContext:方法。

```swift
lazy var applicationDocumentsDirectory: URL = {
    let urls = FileManager.default.urls(for: .documentDirectory,
                                        in: .userDomainMask)
    return urls[urls.count-1]
} ()
```

applicationDocumentsDirectory: 是用來回傳 Documents 的資料夾路徑。

```swift
lazy var managedObjectModel: NSManagedObjectModel = {
    let modelURL = Bundle.main.url(forResource: "core_data",
                                   withExtension: "momd")!
    return NSManagedObjectModel(contentsOf: modelURL)!
} ()
```

```swift
lazy var managedObjectContext: NSManagedObjectContext = {
    let coordinator = self.persistentStoreCoordinator
    var managedObjectContext =
        NSManagedObjectContext(concurrencyType: .mainQueueConcurrencyType)
    managedObjectContext.persistentStoreCoordinator = coordinator
    return managedObjectContext
} ()
```

```swift
lazy var persistentStoreCoordinator: NSPersistentStoreCoordinator? = {
    let coordinator =
    NSPersistentStoreCoordinator(managedObjectModel: self.managedObjectModel)
    let url = self.applicationDocumentsDirectory
                            .appendingPathComponent("core_data.sqlite")
    var failureReason =
        "There was an error creating or loading the application's saved data."
    do {
```

```
        try coordinator.addPersistentStore(ofType: NSSQLiteStoreType,
                                    configurationName: nil,
                                    at: url, options: nil)
    } catch {
        var dict = [String: AnyObject]()
        dict[NSLocalizedDescriptionKey] =
            "Failed to initialize the application's saved data" as AnyObject?
        dict[NSLocalizedFailureReasonErrorKey] = failureReason as AnyObject?

        dict[NSUnderlyingErrorKey] = error as NSError
        let wrappedError = NSError(domain: "YOUR_ERROR_DOMAIN",
                                code: 9999, userInfo: dict)
        NSLog("Unresolved error \(wrappedError), \(wrappedError.userInfo)")
        abort()
    }

    return coordinator
} ()
```

要加入 Core Data 一定要撰寫 NSManagedObjectModel、NSManagedObject
Context、NSPersistentStoreCoordinator 三個類別的存取方法。因此上述的程
式碼分別為：

方法	說明
managedObjectContext	資料的儲存都需依靠它，因此該方法會取得受托管的文件。
managedObjectModel	該方法會取得物件模型，這模型包含 Entity、Relationships、Attribute、Fetched Property。
persistentStoreCoordinator	取得資料儲存庫的調配器

Step 5 產生 NSManagedObject 子類別

首先點選 core_data.xcdatamodeld，點選右
邊欄的「Show the Data Model inspector」，
確認 Class 的選項如右圖所示：

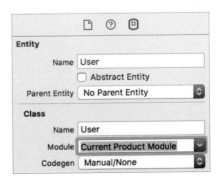

沒有做此設定的話，在接下來的步驟完成後，會造成類別重複宣告的問題。
完成後，選擇工具列的 Editor -> Create NSManagedObject Subclass。

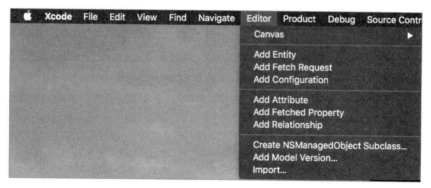

將所使用的 CoreData 以及 Entity 勾選，並按
下 Next，Xcode 會自動生成所需的檔案。此
時若不是產生 swift 檔，將此處的「Code
Generation」改成 swift 在重複上面的步驟。

完成後可以看到產生兩個檔案，如下圖：

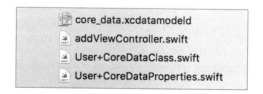

User+CoreDataClass.swift 將會是待會兒需要修改的檔案，而 User+CoreData
Properties.swift 是 Enity 中的屬性名稱，不需要修改。

User+CoreDataClass 程式碼如下：

📑 範例程式

```
01   import Foundation
02   import CoreData
03   public class User: NSManagedObject {
04       static let entityName = "User"
05
06       class func getUsers(moc:NSManagedObjectContext) -> [User] {
07           var request: NSFetchRequest<User>
08           if #available(iOS 10.0, *) {
09               request = User.fetchRequest()
10           } else {
11               // Fallback on earlier versions
12               request = NSFetchRequest(entityName: entityName)
13           }
14           do {
15               return try moc.fetch(request)
16           }catch{
17               fatalError("Failed to fetch data: \(error)")
18           }
19       }
20
21       class func delUser(moc:NSManagedObjectContext, user: User) {
22           moc.delete(user)
23           do {
24               try moc.save()
25           }catch{
26               fatalError("Failure to save context: \(error)")
27           }
28       }
29   }
```

在 getUsers 中 if #available(iOS 10.0, *) 用來判斷使用者系統版本，因為在不同版本的 iOS 系統當中，所需要的語法會有所不同。

接著新增一個 swift 檔案，命名為 UserData，並且程式碼如下：

範例程式

```
01  import UIKit
02  import CoreData
03
04  class UserData{
05      let moc = (UIApplication.shared.delegate as! AppDelegate)
06                                          .managedObjectContext
07
08      fileprivate var users = [User]()
09
10      init() {
11          users = User.getUsers(moc: moc)
12      }
13
14      func delUserData(user: User) {
15          User.delUser(moc: moc, user: user)
16      }
17
18      func getUserData() -> [User] {
19          return users
20      }
21  }
```

在這個類別當中，宣告兩個 getUserData 和 delUserData 的方法，用來之後取得 CoreData 中的 User 資料。

Step 6 編輯 Main.storyboard

接著編輯 Main.storyboad，加入一個新的 View Controller 來加入資料。View Controller 勢必要有兩個 Text Field；由 MasterViewController 切換畫面，如同 plist 專案。這裡若有疑問，可以回頭看一下之前的 plist 專案。

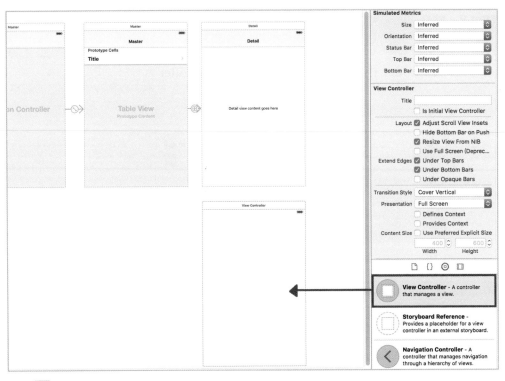

Step 7　建立一個 UIViewController

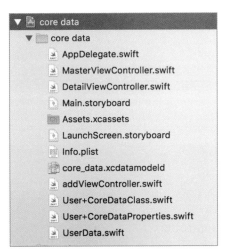

Step 8 輸入 class 和 Storyboard ID

接著新增 UIVIewController 的檔案，檔案名稱為 addViewController，並且將 addViewController 指定給剛剛新增的 View Controller。

Step 9 在 addViewController 內加入兩個 Label 和兩個 Text Field 及一個 Button。

Step 10 編輯 addViewController

```
import UIKit
import CoreData

class addViewController: UIViewController {
    @IBOutlet weak var name: UITextField!
```

```
@IBOutlet weak var phone: UITextField!
@IBAction func save(_ sender: AnyObject) {
    let appDeleg: AppDelegate = UIApplication.shared.delegate as! AppDelegate
    let context: NSManagedObjectContext = appDeleg.managedObjectContext
    let newManagedObject = NSEntityDescription.insertNewObject(
                                             forEntityName: "User",
                                             into: context)
    newManagedObject.setValue(name.text, forKey: "name")
    newManagedObject.setValue(phone.text, forKey: "phone")

    do {
        try context.save()
    } catch {
        abort()
    }

    self.navigationController?.popViewController(animated: true)
}
...
}
```

save: 方法一開始可以看到取得 AppDelegate 的委派，並將 AppDelegate 內的 managedObjectContext 指定給 context 變數。

Step 11　編輯 MasterViewController

```
import UIKit
import CoreData

class MasterViewController: UITableViewController,

        NSFetchedResultsControllerDelegate {
    var detailViewController: DetailViewController? = nil
    var objects = [AnyObject]()
    var userData: UserData?

    override func viewDidLoad() {
        ...
        userData = UserData()
        objects = userData!.getUserData()
```

```
    }

    override func viewWillAppear(_ animated: Bool) {
        super.viewWillAppear(animated)
        userData = UserData()
        objects = userData!.getUserData()
        self.tableView.reloadData()
    }

    @objc func insertNewObject(_ sender: AnyObject) {
        let addController = self.storyboard?

        .instantiateViewController(withIdentifier: "addView")
                    as! addViewController
        self.navigationController!.pushViewController(addController,

                animated: true)
    }
    ...
    override func tableView(_ tableView: UITableView,
            cellForRowAt indexPath: IndexPath) -> UITableViewCell {
        let cell = tableView.dequeueReusableCell(withIdentifier: "Cell",
            for: indexPath)
        let object = self.objects[indexPath.row]
        cell.textLabel!.text = object.name!
        return cell
    }
    ...
}
```

viewDidLoad 內加入

```
userData = UserData()
objects = userData!.getUserData()
```

用來讀取 Core Data 內的使用者資料。viewWillAppear 內程式碼的功用是，
當畫面從 addViewController 回來時，重新載入 Core Data 內的使用者資料。
insertNewObject(_ sender:)則是按鈕 addButton 所觸發的函式，目的是用來跳
轉頁面。

接著修改 tableView(_ tableView: UITableView, cellForRowAt indexPath: IndexPath)內的程式碼讓它使用 user 的 name。

```
cell.textLabel!.text = object.name!
```

Step 12 編輯 MasterViewController 和 DetailViewController

此時編譯專案，已經可以新增資料與刪除，但是點選名稱還不能看到該名稱的電話號碼，而顯示電話號碼需要修改 DetailViewController.swift 中的一小段程式碼，程式碼如下：

MasterViewController.swift

```
override func prepare(for segue: UIStoryboardSegue, sender: Any?) {
    if segue.identifier == "showDetail" {
        if let indexPath = self.tableView.indexPathForSelectedRow {
            (segue.destination as! DetailViewController).detailItem =
                                 objects[(indexPath as NSIndexPath).row]
        }
    }
}
```

將選中項目的物件傳遞給 DetailViewController 的 detailItem。

DetailViewController.swift

```
func configureView() {
    // Update the user interface for the detail item.
    if let detail: User = self.detailItem as? User {
        if let label = self.detailDescriptionLabel {
            label.text = detail.phone!
        }
    }
}
```

接著將 detailItem 轉換為 User 物件，再將 User (此時已經是 detail) 的 phone 字串指定給 label。

Step 13 編譯專案

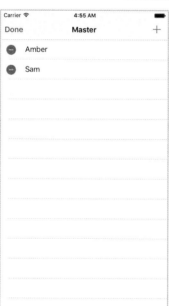

34
CHAPTER

JSON

在前面已經介紹了 plist Core Data 的資料存取，這些資料都是儲存在使用者的 iPhone 上，如果資料需要即時的更新，例如 Facebook、Twitter 等等社群網路，這些資料都是隨時隨地一直在更新的！因此，資料必定是要從遠端的伺服端取得，資料要如何取得呢？可以透過 JSON 的格式來取得。何謂 JSON 呢？JSON 與 XML 很相似，兩者不同是在於 XML 是個標記的語言，JSON 不是；詳細的 JSON 介紹可以在 Google 上搜尋到很多相關介紹，在此不再多做說明。

網路上許多服務也都有提供自己的 JSON 資料內容出來，例如 Twitter，但是這些內容開啟後會有許許多多的資料，可能讓你眼花撩亂，因此我們選擇一些較為簡單一些的 JSON 資料，例如這次的範例中會使用到政府的紫外線即時監測資料，網址如下：

http://data.gov.tw/node/6076

在其資料來源中,選擇 JSON,開啟網頁後可以看到以下畫面:

[{"SiteName":"屏東","UVI":"5","PublishAgency":"環境保護署","County":"屏東縣","WGS84Lon":"120,29,16.92","WGS84Lat":"22,40,23.09","PublishTime":"2016-09-19 14:00"},
{"SiteName":"橋頭","UVI":"6","PublishAgency":"環境保護署","County":"高雄市","WGS84Lon":"120,18,20.48","WGS84Lat":"22,45,27.02","PublishTime":"2016-09-19 14:00"},
{"SiteName":"新營","UVI":"8","PublishAgency":"環境保護署","County":"臺南市","WGS84Lon":"120,19,2.10","WGS84Lat":"23,18,20.28","PublishTime":"2016-09-19 14:00"},
{"SiteName":"朴子","UVI":"8","PublishAgency":"環境保護署","County":"嘉義縣","WGS84Lon":"120,14,50.46","WGS84Lat":"23,27,55.11","PublishTime":"2016-09-19 14:00"},
{"SiteName":"塔塔加","UVI":"5","PublishAgency":"環境保護署","County":"嘉義縣","WGS84Lon":"120,52,50.06","WGS84Lat":"23,28,14.19","PublishTime":"2016-09-19 14:00"},
{"SiteName":"阿里山","UVI":"2","PublishAgency":"環境保護署","County":"嘉義縣","WGS84Lon":"120,48,05.02","WGS84Lat":"23,30,30.82","PublishTime":"2016-09-19 14:00"},
{"SiteName":"雲林縣","UVI":"7","PublishAgency":"環境保護署","County":"雲林縣","WGS84Lon":"120,32,41.98","WGS84Lat":"23,42,42.67","PublishTime":"2016-09-19 14:00"},
{"SiteName":"南投","UVI":"5","PublishAgency":"環境保護署","County":"南投縣","WGS84Lon":"120,41,7.1","WGS84Lat":"23,54,46.8","PublishTime":"2016-09-19 14:00"},
{"SiteName":"彰化","UVI":"6","PublishAgency":"環境保護署","County":"彰化縣","WGS84Lon":"120,32,29.47","WGS84Lat":"24,03,57.60","PublishTime":"2016-09-19 14:00"},
{"SiteName":"沙鹿","UVI":"6","PublishAgency":"環境保護署","County":"臺中市","WGS84Lon":"120,34,7.66","WGS84Lat":"24,13,32.26","PublishTime":"2016-09-19 14:00"},
{"SiteName":"苗栗","UVI":"5","PublishAgency":"環境保護署","County":"苗栗縣","WGS84Lon":"120,49,12.72","WGS84Lat":"24,33,54.97","PublishTime":"2016-09-19 14:00"},
{"SiteName":"桃園","UVI":"4","PublishAgency":"環境保護署","County":"桃園市","WGS84Lon":"121,19,11.87","WGS84Lat":"24,59,41.24","PublishTime":"2016-09-19 14:00"},
{"SiteName":"板橋","UVI":"4","PublishAgency":"環境保護署","County":"新北市","WGS84Lon":"121,27,31.2","WGS84Lat":"25,00,46.7","PublishTime":"2016-09-19 14:00"},
{"SiteName":"淡水","UVI":"4","PublishAgency":"環境保護署","County":"新北市","WGS84Lon":"121,26,57.26","WGS84Lat":"25,09,52.20","PublishTime":"2016-09-19 14:00"},
{"SiteName":"花蓮","UVI":"1","PublishAgency":"中央氣象局","County":"花蓮縣","WGS84Lon":"121,36,18","WGS84Lat":"23,58,37","PublishTime":"2016-09-19 14:00"},{"SiteName":"馬
祖","UVI":"7","PublishAgency":"中央氣象局","County":"連江縣","WGS84Lon":"119,55,23","WGS84Lat":"26,10,10","PublishTime":"2016-09-19 14:00"},{"SiteName":"高
雄","UVI":"4","PublishAgency":"中央氣象局","County":"高雄市","WGS84Lon":"120,18,29","WGS84Lat":"22,34,04","PublishTime":"2016-09-19 14:00"},{"SiteName":"玉
山","UVI":"3","PublishAgency":"中央氣象局","County":"南投縣","WGS84Lon":"120,57,06","WGS84Lat":"23,29,21","PublishTime":"2016-09-19 14:00"},{"SiteName":"臺
南","UVI":"1","PublishAgency":"中央氣象局","County":"臺南市","WGS84Lon":"120,12,17","WGS84Lat":"22,59,36","PublishTime":"2016-09-19 14:00"},{"SiteName":"新
竹","UVI":"4","PublishAgency":"中央氣象局","County":"新竹縣","WGS84Lon":"121,00,22","WGS84Lat":"24,49,48","PublishTime":"2016-09-19 14:00"},{"SiteName":"基
隆","UVI":"1","PublishAgency":"中央氣象局","County":"基隆市","WGS84Lon":"121,44,13","WGS84Lat":"25,11,11","PublishTime":"2016-09-19 14:00"},{"SiteName":"恆
春","UVI":"-999","PublishAgency":"中央氣象局","County":"屏東縣","WGS84Lon":"120,44,17","WGS84Lat":"22,00,20","PublishTime":"2016-09-19 14:00"},{"SiteName":"臺
北","UVI":"7","PublishAgency":"中央氣象局","County":"臺北市","WGS84Lon":"121,30,24","WGS84Lat":"25,02,23","PublishTime":"2016-09-19 14:00"},{"SiteName":"成
功","UVI":"1","PublishAgency":"中央氣象局","County":"臺東縣","WGS84Lon":"121,21,55","WGS84Lat":"23,05,57","PublishTime":"2016-09-19 14:00"},{"SiteName":"基
隆","UVI":"5","PublishAgency":"中央氣象局","County":"基隆市","WGS84Lon":"121,43,56","WGS84Lat":"25,08,05","PublishTime":"2016-09-19 14:00"},{"SiteName":"新
屋","UVI":"4","PublishAgency":"中央氣象局","County":"桃園縣","WGS84Lon":"121,02,36","WGS84Lat":"25,00,57","PublishTime":"2016-09-19 14:00"},{"SiteName":"蘭
嶼","UVI":"-999","PublishAgency":"中央氣象局","County":"臺東縣","WGS84Lon":"121,33,02","WGS84Lat":"22,02,19","PublishTime":"2016-09-19 14:00"},{"SiteName":"臺
東","UVI":"4","PublishAgency":"中央氣象局","County":"臺東縣","WGS84Lon":"121,08,48","WGS84Lat":"22,45,15","PublishTime":"2016-09-19 14:00"},{"SiteName":"日月
潭","UVI":"3","PublishAgency":"中央氣象局","County":"南投縣","WGS84Lon":"120,54,29","WGS84Lat":"23,52,53","PublishTime":"2016-09-19 14:00"},{"SiteName":"金
門","UVI":"6","PublishAgency":"中央氣象局","County":"金門縣","WGS84Lon":"118,17,21","WGS84Lat":"24,24,27","PublishTime":"2016-09-19 14:00"},{"SiteName":"宜
蘭","UVI":"2","PublishAgency":"中央氣象局","County":"宜蘭縣","WGS84Lon":"121,44,53","WGS84Lat":"24,45,56","PublishTime":"2016-09-19 14:00"},{"SiteName":"澎
湖","UVI":"6","PublishAgency":"中央氣象局","County":"澎湖縣","WGS84Lon":"119,33,19","WGS84Lat":"23,34,02","PublishTime":"2016-09-19 14:00"},{"SiteName":"臺
中","UVI":"5","PublishAgency":"中央氣象局","County":"臺中市","WGS84Lon":"120,40,03","WGS84Lat":"24,08,51","PublishTime":"2016-09-19 14:00"},{"SiteName":"嘉
義","UVI":"7","PublishAgency":"中央氣象局","County":"嘉義市","WGS84Lon":"120,25,28","WGS84Lat":"23,29,52","PublishTime":"2016-09-19 14:00"}]

在此可以看到監測站名稱、所屬單位、所在縣市、監測的數據,待會會透過其中的一些欄位名稱作為 Key 值來取得資料內容!

Step 1 建立 Master-Detail Application 專案,命名為 JSON Sample。

之前已經將 JSON 的資料準備齊全了,接著就是建立 iPhone 專案了,這邊專案的樣版選擇 Master-Detail Application,因為不需要使 Core Data,因此建立專案時,Use Core Data 選項不需要勾選。並將 Main.storyboard 修改如下圖:

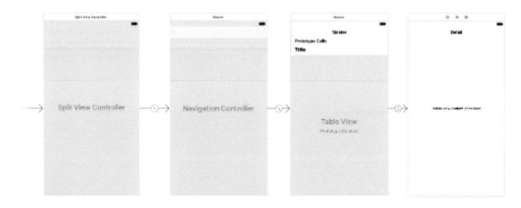

Step 2 編輯 MasterViewController.swift

```swift
import UIKit
class MasterViewController: UITableViewController {
    var json = NSMutableArray()
```

```
        ...
    }
```

定義一個 NSMutableArray 類別的陣列變數 json，待會取得的資料內容會放到 json 陣列中。

Step 3　編輯 MasterViewController.swift

```swift
override func viewDidLoad() {
    super.viewDidLoad()
    // Do any additional setup after loading the view, typically from a nib.

    let url = URL(string: "http://opendata.epa.gov.tw/ws/Data/UV/?format=json")
    do{
        let jsonData = try Data(contentsOf: url!)
        json = try JSONSerialization.jsonObject(with: jsonData,
                options: JSONSerialization.ReadingOptions.mutableContainers)
                as! NSMutableArray
    }catch{
        print(error)
    }
}
```

在 viewDidLoad 方法中,需要連線到 JSON 的網頁中進行資料的擷取，這邊值得一提的是，在 iOS5 之前並未提供 JSON 資料的剖析，在以往需要抓取外面已開發好的 JSON 解析的套件來使用，但在 iOS5 之後可以使 JSONSerialization 這個類別來處理 JSON 的資料。

在上面的程式碼一開始定義一個 URL 類別的 url 常數，該變數很明顯的可以看到要連接的網址！

```swift
let url = URL(string: "http://opendata.epa.gov.tw/ws/Data/UV/?format=json")
```

連接的是剛剛顯示 JSON 資料的網址，但因為連接的是 http 而非 https，因為安全考量，預設會禁止連接 http 的網頁，所以需要到 info.plist 開啟其安全相關的設定，在 Custom iOS Target Properties 中加入 App Transport Security Settings，並添加 Allow Arbitrary Loads，將其布林值設為 YES，如下圖。

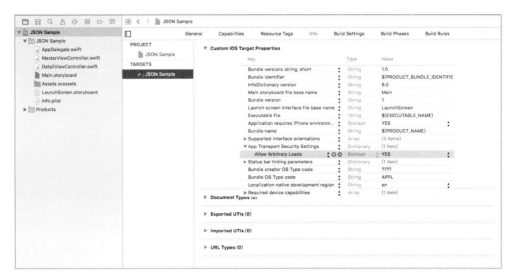

將 url 網址的資料存放到 Data 類別的 jsonData 變數中。

```
let jsonData = try Data(contentsOf: url!)
```

接著將取得到的結果放到 json 陣列中，當中可以看到 options: JSONSerialization.ReadingOptions.mutableContainers 這段，是將 jsonData 取得的 JSON 資料，轉為 NSMutableDictionary，之後再取得名稱或位置時可以 object(forKey:) 的方式來取得。

```
json = try JSONSerialization.jsonObject(with: jsonData,
    options: JSONSerialization.ReadingOptions.mutableContainers) as!
    NSMutableArray
```

接著一樣要修改的是 cell 的個數以及 cell 的文字設定。

cell 的個數

```
override func tableView(_ tableView: UITableView,
                        numberOfRowsInSection section: Int) -> Int {
    return json.count
}
```

設定 cell 的文字

```
override func tableView(_ tableView: UITableView,
                cellForRowAt indexPath: IndexPath) -> UITableViewCell {
    let cell = tableView.dequeueReusableCell(withIdentifier: "Cell", for: indexPath)
```

```
    cell.textLabel!.text = (json[indexPath.row] as AnyObject)
                           .object(forKey: "SiteName") as? String


    return cell
}
```

接著還需要修改傳遞參數的 prepare(for segue: UIStoryboardSegue, sender: Any?) 方法，程式碼如下：

```
override func prepare(for segue: UIStoryboardSegue, sender: Any?) {
    if segue.identifier == "showDetail" {
        let indexPath = self.tableView.indexPathForSelectedRow
        (segue.destination as! DetailViewController).detailItem =
                            json.object(at: indexPath!.row) as AnyObject?
    }
}
```

Step 4 編輯 DetailViewController.swift

最後需要修改的就是 DetailViewController.swift 中的顯示位置，因為這邊使用的 Dictionary，所以要給定一個 Key 值，程式碼如下：

```
func configureView() {
    // Update the user interface for the detail item.
    if let detail = self.detailItem {
        if let label = self.detailDescriptionLabel {
            label.text = detail.object(forKey: "UVI") as? String
        }
    }
}
```

Step 5 編譯專案

此時編譯專案，可以看到 JSON 的資料呈現在 Table View 上了，點選名稱時也可以取得相對應的監測值。

JSON Sample 完整程式碼

範例程式：MasterViewController.swift

```
01   import UIKit
02
03   class MasterViewController: UITableViewController {
04
05       var detailViewController: DetailViewController? = nil
06       var objects = [AnyObject]()
07       var json = NSMutableArray()
08
09       override func viewDidLoad() {
10           super.viewDidLoad()
11           // Do any additional setup after loading the view, typically from a nib.
12
13           let url = URL(string: "http://opendata.epa.gov.tw/ws/Data/UV/?format=json")
```

```
14      do {
15          let jsonData = try Data(contentsOf: url!)
16          json = try JSONSerialization.jsonObject(with: jsonData,
17              options: JSONSerialization.ReadingOptions.mutableContainers)
18              as! NSMutableArray
19      }catch {
20          print(error)
21      }
22  }
23
24  override func viewWillAppear(_ animated: Bool) {
25      self.clearsSelectionOnViewWillAppear = self.splitViewController!.isCollapsed
26      super.viewWillAppear(animated)
27  }
28
29  override func didReceiveMemoryWarning() {
30      super.didReceiveMemoryWarning()
31      // Dispose of any resources that can be recreated.
32  }
33
34  func insertNewObject(_ sender: AnyObject) {
35      objects.insert(Date() as AnyObject, at: 0)
36      let indexPath = IndexPath(row: 0, section: 0)
37      self.tableView.insertRows(at: [indexPath], with: .automatic)
38  }
39
40  // MARK: - Segues
41
42  override func prepare(for segue: UIStoryboardSegue, sender: Any?) {
43      if segue.identifier == "showDetail" {
44          let indexPath = self.tableView.indexPathForSelectedRow
45          (segue.destination as! DetailViewController).detailItem =
46                          json.object(at: indexPath!.row) as AnyObject?
47      }
48  }
49
50  // MARK: - Table View
51
52  override func numberOfSections(in tableView: UITableView) -> Int {
```

```
53        return 1
54    }
55
56    override func tableView(_ tableView: UITableView,
57                    numberOfRowsInSection section: Int) -> Int {
58        return json.count
59    }
60
61    override func tableView(_ tableView: UITableView,
62                    cellForRowAt indexPath: IndexPath) -> UITableViewCell {
63        let cell = tableView.dequeueReusableCell(withIdentifier: "Cell",
64                for: indexPath)
65
66        cell.textLabel!.text = (json[indexPath.row] as AnyObject)
67                        .object(forKey: "SiteName") as? String
68
69        return cell
70    }
71
72    override func tableView(_ tableView: UITableView,
73                    canEditRowAt indexPath: IndexPath) -> Bool {
74        // Return false if you do not want the specified item to be editable.
75        return true
76    }
77
78    override func tableView(_ tableView: UITableView,
79                    commit editingStyle: UITableViewCellEditingStyle,
80                    forRowAt indexPath: IndexPath) {
81        if editingStyle == .delete {
82            objects.remove(at: (indexPath as NSIndexPath).row)
83            tableView.deleteRows(at: [indexPath], with: .fade)
84        } else if editingStyle == .insert {
85            // do something
86            ...
87        }
88    }
89 }
```

範例程式：DetailViewController.swift

```
01   import UIKit
02   class DetailViewController: UIViewController {
03       @IBOutlet weak var detailDescriptionLabel: UILabel!
04       var detailItem: AnyObject? {
05           didSet {
06               // Update the view.
07               self.configureView()
08           }
09       }
10
11       func configureView() {
12           // Update the user interface for the detail item.
13           if let detail = self.detailItem {
14               if let label = self.detailDescriptionLabel {
15                   label.text = detail.object(forKey: "UVI") as? String
16               }
17           }
18       }
19
20       override func viewDidLoad() {
21           super.viewDidLoad()
22           // Do any additional setup after loading the view, typically from a nib.
23           self.configureView()
24       }
25
26       override func didReceiveMemoryWarning() {
27           super.didReceiveMemoryWarning()
28           // Dispose of any resources that can be recreated.
29       }
30   }
```

35
CHAPTER

Archiving Object

Archiving Object 有如 plist 檔案一樣是將資料以檔案的方式進行儲存,這裡不同的是儲存資料是將物件 archive 存檔,要讀取資料時再使用 unarchive 取出資料, 接下來就一樣使用 name 和 phone 這兩項資料來做範例。

如同前面的 Core Data 和 plist,接下來試著使用 Archiving Object 的方式來完成資料的新增與刪除。

Step 1 建立 Master-Detail Application 專案,專案名稱為 Archiving。

Step 2 編輯 MainStoryboard.storyboard

編輯的畫面如同之前的專案，在此就不再多做介紹了，完成後如下圖：

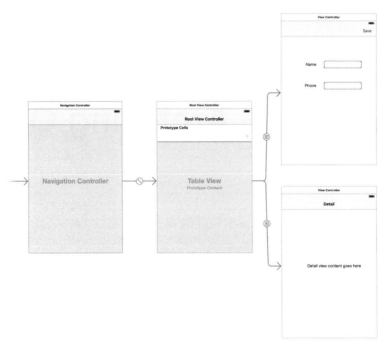

Step 3 建立 User.swift

在專案的資料夾點選右鍵 -> New File，建立一個 Cocoa Touch Class 類型的檔案，Subclass of 選擇 NSObject，Class 名稱為 User，如下圖：

接著編輯 User.swift，因為使用 Archiving 要將物件 encodeWithCoder(封存)
與 init(解封存)，所以需要使用 NSCoding 這個協定。

```
class User: NSObject, NSCoding{
```

定義我們的資料分別有兩個 String 類別的 name 和 phone 變數。

```
var name = String()
var phone = String()
```

接著撰寫封存與解封存的方法。先來回想一下 Dictionary 字典陣列，在先前
使用字典陣列時，都會有一個 forKey 的值，使用 Archiving 封存資料時也是
需要一個 forKey 值將資料封存起來，反之解封存需透過相同的 forKey 值。
編輯 User.swift 程式碼如下：

```
import UIKit
@objc(User)
class User: NSObject, NSCoding{
    var name = String()
    var phone = String()
    override init() {
        super.init()
    }
    init (name:String,phone:String) {
        self.name = name
        self.phone = phone
        super.init()
    }
    required init(coder aDecoder: NSCoder) {
        self.name = aDecoder.decodeObject(forKey: "name") as! String
        self.phone = aDecoder.decodeObject(forKey: "phone") as! String
    }
    func encode(with aCoder: NSCoder) {
        aCoder.encode(self.name, forKey: "name")
        aCoder.encode(self.phone, forKey: "phone")
    }
}
```

在上述兩個方法中，可以看到封存與解封存都有一個 forKey 值，這兩個值的
欄位名稱都必須要相同，這些都只是定義封存與解封存的 forKey 值，並未將

資料封存到檔案中。為了先了解如何封存檔案，因此先編輯儲存檔案的部份。

Step 4 新增 AddViewController

如同之前的 AddViewController，但這裡需要再次提醒的是，記得將 AddViewController 與 MainStoryboard.storyboard 的 ViewController 做關連，檔案的新增步驟這裡就不再多做細部的說明。

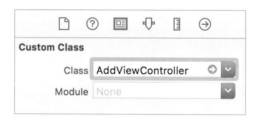

開始編輯 AddViewController.swift，程式碼如下：

```swift
import UIKit
class AddViewController: UIViewController {
    var user_data : NSMutableArray = []
    @IBOutlet var nameTextField: UITextField!
    @IBOutlet var phoneTextField: UITextField!
    ...
}
```

定義一個 NSMutableArray 類別的 user_data 變數，之後新增的資料都會加入到這個陣列中，並將此陣列封存到檔案中。

```swift
class AddViewController: UIViewController {
    var user_data : NSMutableArray = []
```

定義兩個 IBOutlet 的 UITextField 分別來輸入 name 與 phone 的 Text 輸入欄位。

```swift
@IBOutlet var nameTextField: UITextField!
@IBOutlet var phoneTextField: UITextField!
```

完成這些基本的定義之後，要來完成 save: 這個方法，繼續編輯 AddView
Controller.swift，程式碼如下：

```swift
override func viewDidLoad() {
    super.viewDidLoad()
}

override func didReceiveMemoryWarning() {
    super.didReceiveMemoryWarning()
}

@IBAction func save(_ sender: AnyObject) {
    let user = User()
    user.name = nameTextField.text!
    user.phone = phoneTextField.text!
    let documents : NSArray = NSSearchPathForDirectoriesInDomains(
                .documentDirectory, .userDomainMask, true) as NSArray
    let paths = path.appendingPathComponent("User.data")
    user_data =  NSKeyedUnarchiver.unarchiveObject(withFile: paths)
                    as! NSMutableArray
    user_data.add(user)
    NSKeyedArchiver.archiveRootObject(user_data, toFile: paths as String)
    self.navigationController?.popViewController(animated: true)
}
```

在 save: 方法內定義一個 User 類別的 user 變數，分別指定 user 內的 name 和
phone 分別為 nameTextField 與 phoneTextField 欄位的值。

```swift
let user = User()
user.name = nameTextField.text!
user.phone = phoneTextField.text!
```

下面的程式碼首先一樣找到 Documents 的資料夾路徑，然後指定一個
User.data 的檔案路徑，之後要將資料封存到 User.data 內。

```swift
let documents : NSArray = NSSearchPathForDirectoriesInDomains(
.documentDirectory,
.userDomainMask, true) as NSArray
let path = documents.object(at: 0) as! NSString
let paths = path.appendingPathComponent("User.data")
```

將新增的資料加入 user_data 陣列中，接著使用 NSKeyedArchiver 類別的 archiveRootObject: 法將 user_data 封存到 User.data 檔案中，最後返回到上一頁。

```
user_data = NSKeyedUnarchiver.unarchiveObject(withFile: paths)
as! NSMutableArray
user_data.add(user)
NSKeyedArchiver.archiveRootObject(user_data, toFile: paths as String)
self.navigationController?.popViewController(animated: true)
```

Step 5 編輯 MasterViewController

MasterViewController.swift

```
import UIKit
import Foundation
class MasterViewController: UITableViewController {
    var userData : NSMutableArray = []
    var paths: String = ""
```

定義一個 NSMutableArray 類別的 userData 變數，用來將 User.data 檔案中解封存後的資料放到陣列中。

接著開始就是擷取資料的部份，一開始進入 App 就要擷取資料，所以擷取資料的動作要寫在 viewDidLoad 方法內，編輯程式碼如下：

```
override func viewDidLoad() {
    super.viewDidLoad()
    // Do any additional setup after loading the view, typically from a nib.
    let documents: NSArray = NSSearchPathForDirectoriesInDomains(
                                    .documentDirectory,
                                    .userDomainMask, true) as NSArray
    let path = documents.object(at: 0) as! NSString
    paths = path.appendingPathComponent("User.data")

    let check = FileManager.default
    if check.fileExists(atPath: paths) {
        userData = NSKeyedUnarchiver.unarchiveObject(withFile: paths)
                                    as! NSMutableArray
    }
}
```

一開始要取得 Documents 的資料夾路徑，最後使用 appendingPathComponent:
方法找到 User.data 檔案。

```
let documents: NSArray = NSSearchPathForDirectoriesInDomains(
                                    .documentDirectory,
                                    .userDomainMask, true) as NSArray
let path = documents.object(at: 0) as! NSString
paths = path.appendingPathComponent("User.data")
```

使 NSKeyedUnarchiver 類別內的 unarchiveObject: 方法指定要解封存的檔案
路徑，將此解封存的結果放到 userData 陣列變數中。

```
userData =  NSKeyedUnarchiver.unarchiveObject(withFile: paths)
            as! NSMutableArray
```

取得完資料後接著就是將資料放入到 cell 當中，因此要修改的是 cell 個數回
傳，以及 cell 的文字設定，編輯程式碼如下：

cell 個數回傳

```
override func tableView(_ tableView: UITableView,
numberOfRowsInSection section: Int) -> Int {
    return userData.count
}
```

cell 的文字設定

```
override func tableView(_ tableView: UITableView,
                    cellForRowAt indexPath: IndexPath) -> UITableViewCell {
    let cell = tableView.dequeueReusableCell(withIdentifier: "Cell",
                                        for: indexPath)

    var user = userData.object(at: indexPath.row) as! User
    cell.textLabel?.text = user.name as String
    return cell
}
```

這邊值得注意的是一開始要先定義一個 User 類別的 user 變數。先要透過
object: 來取得 userData 陣列中的 user 物件，接著使用 user.name 的方式來取
得 user 的名稱指定文字給 cell。

```
var user = userData.object(at: indexPath.row) as! User
cell.textLabel?.text = user.name as String
```

大致上都已經完成，但還有個地方需要修改，就是在新增的時候需要將 userData 的陣列內容傳遞到 AddViewController，所以需要修改 prepare: 這個方法。

在修改這個方法前請記得去 Storyboard 中修改 segue 的 Identifier，如下圖修改為 addDetail。

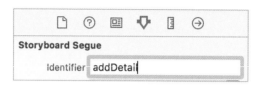

prepare: 的程式碼如下：

```
override func prepare(for segue: UIStoryboardSegue, sender: Any?) {
    if segue.identifier == "showDetail" {
        if let indexPath = self.tableView.indexPathForSelectedRow {
            (segue.destination as! DetailViewController).detailItem =
                userData.object(at: (indexPath as NSIndexPath).row) as AnyObject?
        } }
    if segue.identifier == "addDetail" {
        if let indexPath = self.tableView.indexPathForSelectedRow {
            (segue.destination as! AddViewController).user_data = userData
        }
    }
}
```

在第一個 if 判斷式要修改傳遞的參數，將 detailItem: 方法後的參數修改為 userData 陣列，接著要傳遞第幾筆資料，則透過 object:來取得陣列索引值。

```
(segue.destination as! DetailViewController).detailItem =
    userData.object(at: (indexPath as NSIndexPath).row) as AnyObject?
```

第二個 if 判斷式中，很明顯可以看到 addDetail 與剛剛的 Identifier 有所出入，當條件成立時使用 user_data: 方法並傳入 userData 所有使用者的陣列資料變數。

```
    if segue.identifier == "addDetail" {
        if let indexPath = self.tableView.indexPathForSelectedRow {
            (segue.destination as! AddViewController).user_data = userData
        }
    }
}
```

Step 6 　修改 DetailViewController

專案已經快要完成了，剩下就是檢視名稱所對應的電話號碼。因此需要修改的只剩下 DetailViewController.swift。

```
import UIKit
class DetailViewController: UIViewController {
    @IBOutlet weak var detailDescriptionLabel: UILabel!
    var detailItem: AnyObject? {
        didSet {
            self.configureView()
        }
    }
    func configureView() {
        if let user: User = self.detailItem as? User {
            if self.detailDescriptionLabel != nil {
                self.detailDescriptionLabel.text = user.phone
            }
        }
    }
    override func viewDidLoad() {
        super.viewDidLoad()
        // Do any additional setup after loading the view, typically from a nib.
        self.configureView()
    }
    override func didReceiveMemoryWarning() {
        super.didReceiveMemoryWarning()
        // Dispose of any resources that can be recreated.
    }
}
```

要取得 user 物件變數中的電話號碼，必須要定義一個 User 類別的 user 變數，將 self.detailItem 的變數指定給 user，並使用 user.phone 取得名稱對應的電話號碼。

Step 7 編譯專案

最後編譯專案，可以開始新增名稱與電話，而當新增完畢時回到首頁時，會發現新增的資料並沒有顯示在首頁。新增完資料後，Table View 會需要重新載入資料，因此在 MasterViewController 需要加入 viewWillAppear: 法，

```swift
override func viewWillAppear(_ animated: Bool) {
    super.viewWillAppear(animated)
    self.tableView.reloadData()
}
```

透過 reloadData 方法即可重新將資料載入 Table View 中，這時再次新增資料，就會出現該筆資料了。

刪除檔案時，要將資料從 userData 中刪除，並且重新將 userData 陣列封存到 User.data 檔案，這個動作可以透過 tableView(_: commit : forRowAt:)方法完成，程式碼如下：

```swift
override func tableView(_ tableView: UITableView,
                        commit editingStyle: UITableViewCellEditingStyle,
                        forRowAt indexPath: IndexPath) {
    if editingStyle == .delete {
        let paths : NSArray = NSSearchPathForDirectoriesInDomains(
                                    .documentDirectory,
                                    .userDomainMask, true) as NSArray
        let documentsDirectory = paths.object(at: 0) as! NSString
        let writablePath = documentsDirectory.appendingPathComponent("User.data")
        userData.removeObject(at: (indexPath as NSIndexPath).row)
        userData.write(toFile: writablePath, atomically: true)
        tableView.deleteRows(at: [indexPath], with: .fade)
    } else if editingStyle == .insert {
        // Create a new instance of the appropriate class, insert it
        //   into the array, and add a new row to the table view.
    }
}
```

36

Auto Layout

以往 iPhone 的介面設計上，除了設計直立式時的 iPhone 介面設計，也需要考量當 iPhone 轉成橫式時元件的位置；如左圖，在 iPhone 畫面中底下，我們放了一個 Button 按鈕。但是將 iPhone 轉成橫式時，按鈕會因為畫面的改變，按鈕也就消失了，而 iPhone 6 以後的螢幕尺寸相較於 iPhone 5/5S 來的長，這意味著開發者需要加入更多考量因素進去，造成光是在介面的設計上就會消耗許多時間；而 Xcode 4.5 的版本以加入 Auto Layout 這個機制。

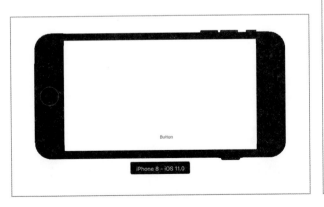

Step 1 建立 Single View Application 專案，專
案名稱為 AutoLayout。

Step 2 Auto Layout

建立完專案後，點選 MainStoryboard 檔案，在
右方選擇「Show the File inspector」欄位，接著
可在下方看到「Use Auto Layout」的選項。專
案的預設會自動幫我們勾選。

看到介面編輯的地方，可以點選 View as: iPhone 6s，如下圖，來選擇模式，
在新版的 Xcode 提供了多種介面的模式可供切換使用。

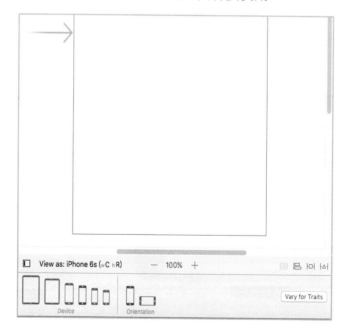

點選該圖示可以切換 iPhone 的介面為 iPad 的尺寸、或者是 iPhone 的其他尺寸。

由下圖可發現兩個尺寸有明顯的差異，因此可以透過這樣的切換，來觀察介面在 iPad 或 iPhone 上的差異。

現在我們加入一個 Button 到 iPhone 畫面中下，為了要固定按鈕出現於畫面的位置，可以透過選擇介面右下方的這兩個按鈕來達成。

這兩個按鈕只會在有勾選「Use Auto Layout」時可以使用。

先點選 Button 後，再按下上面的兩個按鈕，就可以設定其限制 (Contraints)，如下圖。

圖中的設定為將元件置中，且離畫面底部高 125；只要勾選需要的屬性，便可以添加其限制，完成後在視圖元件的導覽列中，就可以看到它的限制，而且在介面中點選 Button 後也能夠看到其限制的線，如下圖。

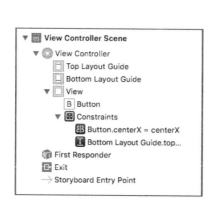

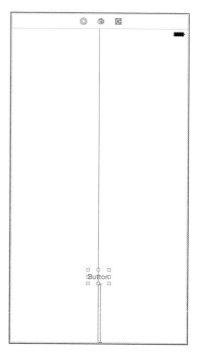

執行後，發現按鈕不會消失了，如下圖。

以往沒有使用 Auto Layout 時，當畫面轉動時，可能需要另外撰寫程式來控制元件的位置，現在使用一個簡單的範例來示範(記得將『Use Autolayout』勾選取消，並將 Button 的限制刪除)。

Step 3 編輯 ViewController.swift

```
@IBOutlet weak var button: UIButton!
```

Step 4 繼續編輯 ViewController.swift

在編輯程式之前，先再次執行專案。原本預設為直立的使用，可以看到 Button 是在中間底下的位置，這跟原本預期的一樣，但是試著把 iPhone 模擬器橫放 (按 command + ->，模擬器就會改成橫式的方向)。 這時會發現橫放的時侯，原本的 Button 不見了，並沒有顯示在中間並且置底。這時就需要透過程式碼來控制了！

而旋轉 iPhone 時，Button 的位置需要透過程式碼來指定，這時利用 func willRotate(to toInterfaceOrientation: UIInterfaceOrientation, duration: TimeInterval) 方法來完成。

範例程式

```
01  import UIKit
02  class ViewController: UIViewController {
03      @IBOutlet weak var button: UIButton!
04
05      override func viewDidLoad() {
06          super.viewDidLoad()
07          // Do any additional setup after loading the view, typically from a nib.
08      }
09      override func didReceiveMemoryWarning() { super.didReceiveMemoryWarning()
10          // Dispose of any resources that can be recreated.
11      }
12      override func willRotate(to toInterfaceOrientation: UIInterfaceOrientation,
13                          duration: TimeInterval) {
14          if (toInterfaceOrientation.isLandscape) {
15              button.frame = CGRect(x: 250, y: 200, width: 210, height: 260);//橫的
16          } else {
17              button.frame = CGRect(x: 60, y: 400 , width: 280, height: 205);//直的
18          }
19      }
20  }
```

透過 if 判斷式，判斷 iPhone 是否轉成橫式，當條件成立時，將 x 與 y 的位置指定給 button。已經指定橫式時 Button 的位置後，當 iPhone 轉為直立時，勢必要再次指定位置，讓 Button 會回到中間置底的位置。

37

Collection View

當 iPad 推出的時候，你是否覺得
iPad 內建的相簿功能很棒呢？如
右圖你可以快速的瀏覽所有照
片，而且還可以放大縮小。如果
要自己實作如右圖的畫面時，勢
必要寫很多程式碼。然而在新版
的 iOS 提供了一個新的 Controller
元件，它叫「Collection View
Controller」。接下來，使用簡單
的範例來讓你了解到該如何操作
它。

不知道你是否還記得 TableView Controller，Collection View Controller 的操
作方式跟 TableView Controller 很雷同，一樣需要回傳 cell 的個數、群組個數
以及 cell 的內容。

Step 1 建立 Single View Application 專案，專案名稱為 Collection View。此時專案的裝置選擇為 iPad，如下圖。

Step 2 加入 Collection View Controller。

將原本的 ViewController 刪除，並在元件表中找到 Collection View Controller，將它拖曳到 Storyboard 中，請記得將右方 View Controller Title 下方的 is initial View Controller 打勾，如下圖：

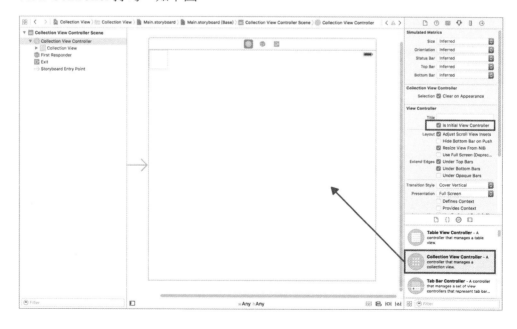

加入 Collection View Controller 後，首先選擇 Collection View Cell。

將 cell 的大小放大，並且設定 cell 的背景顏色為白色，以及給定 Identifier 一個值，在這裡定義為 CollectionViewCell。

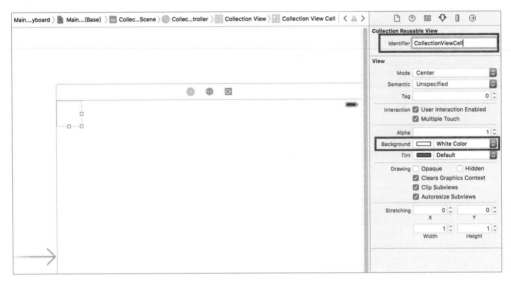

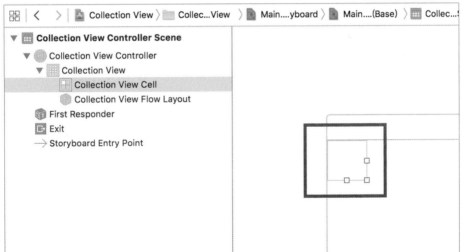

Step 3　編輯 ViewController.swift

```swift
import UIKit
class ViewController: UICollectionViewController { }
```

原本是繼承 UIViewController，因為改成 Collection View Controller，所以也要跟著改成繼承 UICollectionViewController。

記得要將 Collection View Controller 的 Class 指定為 ViewController(因為檔案名稱是沿用原本的 ViewController)

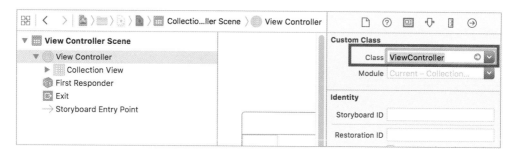

Step 4 繼續編輯 ViewController.swift

```
//section
func collectionView(_ CollectionView: UICollectionView,
                numberOfSectionInCollectionView : Int) -> Int {
    return 1
}
//cell
override func collectionView(_ collectionView: UICollectionView,
                    numberOfItemsInSection section: Int) -> Int {
    return 10
}

override func collectionView(_ collectionView: UICollectionView,
            cellForItemAt indexPath: IndexPath) -> UICollectionViewCell {
    let cell : UICollectionViewCell = collectionView.dequeueReusableCell(
                        withReuseIdentifier: "CollectionViewCell",
                        for: indexPath) as! UICollectionViewCell
    return cell
}
```

這邊三個方法都與 Table View 的很像，一樣需要回傳 Collection View 的 Section 個數、Section 內的 cell 個數，以及回傳 cell；這邊可以看到 dequeueReusableCellWithReusuIdentifer 後面帶的參數與 Step 2 中設定 cell 的 Identifier 是相同的，代表 cell 是採取 Stroyboard 中的 cell 樣式。

Step 5　執行專案

執行專案後，可以看到 iPad 的模擬器中出現 10 個白色的方塊，如下圖。

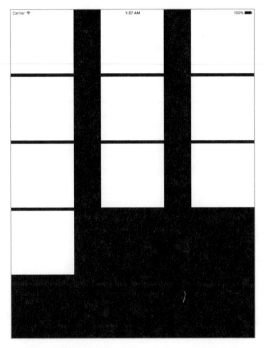

這樣看起來空空的，如果要加上圖片跟一些文字呢？其實很簡單！看下去你就知道該如何做了！

首先回到 Main.storyboard 檔案，在 Collection View Cell 加入 Label 與 Image View 兩個元件，並且調整一下元件的位置，最後完成如下圖。

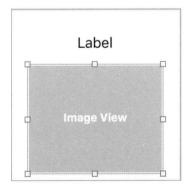

接著新增一個 UICollectionViewCell 類別檔案，對著專案右鍵 -> New File。

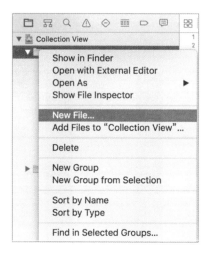

檔案類型選擇 OSX -> Cocoa Class -> Next。

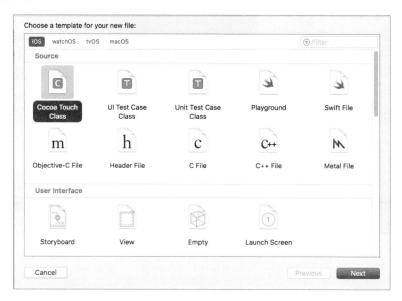

Subclass of 選擇 UICollectionViewCell，Class 檔案名稱命名為 myCollection
ViewCell，最後按下 Next。

因為 cell 是使用我們自定的，所以要修改 CollectionViewCell 的 Class，在右
邊選擇 Identifier Inspector，Class 欄位改為 myCollectionViewCell，如下圖。

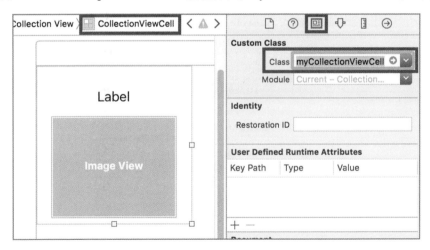

接著開啟 Assistant Editor 模式，點選 Label 元件並按住「control」鍵往 myCollectionViewCell.swift 拖曳，此時會跳出一個對話視窗，在 Name 的欄位輸入 myLabel，最後按下 Connect，如下圖。

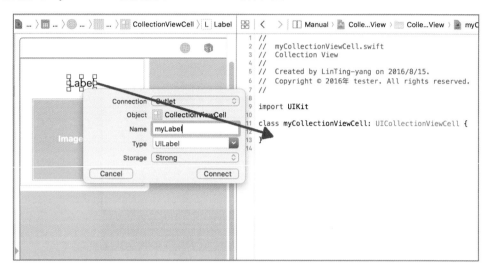

Image View 的步驟也是一樣，Name 的欄位輸入 myImage，最後按下 Connect，如下圖。

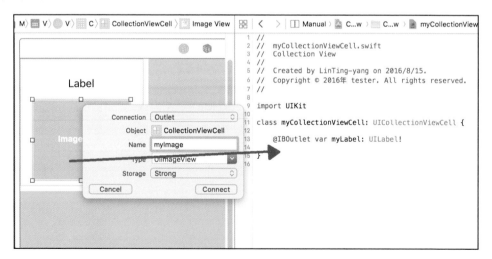

```
import UIKit

class myCollectionViewCell: UICollectionViewCell {

    @IBOutlet var myLabel: UILabel!
    @IBOutlet var myImage: UIImageView!
}
```

需要使用到 Image 圖片，所以要請您自行準備好圖片檔案，並加入專案，如下圖，我們加入了 6 個圖片檔案。

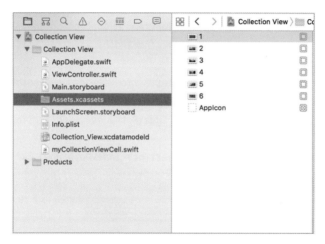

現在開始來修改 ViewController 檔案！首先需要兩個 NSArray 陣列。

```
import UIKit

class ViewController: UICollectionViewController {
    let label_array : NSArray = ["one","two","three","four","five","six"]
    let image_array : NSArray = ["1","2","3","4","5","6"]
    ...
}
```

針對 label_array 與 image_array 兩個陣列的內容給予值。

collectionView:numberOf ItemsInSection:方法改成回傳 label_array 陣列的個數。完成後就是要修改回傳 cell 的方法，collectionView:cellForItemAtIndexPath:，程式碼如下：

```
//section
func collectionView(_ CollectionView: UICollectionView,
                    numberOfSectionInCollectionView : Int) -> Int{
    return label_array.count
}
//cell
override func collectionView(_ collectionView: UICollectionView,
                            numberOfItemsInSection section: Int) -> Int {
    return 6
}

override func collectionView(_ collectionView: UICollectionView,
            cellForItemAt indexPath: IndexPath) -> UICollectionViewCell {

    let cell : myCollectionViewCell = collectionView.dequeueReusableCell(
                            withReuseIdentifier: "CollectionViewCell",
                            for: indexPath) as! myCollectionViewCell

    cell.myLabel.text = label_array.object(at: indexPath.row) as? String
    cell.myImage.image = UIImage (named : "\(image_array[indexPath.row])" )

    return cell
}
```

原本是使用 UICollectioViewCell 類別的 cell 變數，這邊改成使用 myCollection
ViewCell 類別。而下面兩行則是分別設定 myLabel 與 myImage 的值，而 label
與 image 的參數分別從 label_array、image_array 陣列中取出。

最後執行專案，可以看到原本單調的 Collection View 多了一些文字與圖片，
看起來好看多了呢，如下圖。

38
CHAPTER

Container

在 iOS 5 的版本以前，如果你有多個畫面要操作，你必須遵循 Apple 的規定使用 UINavigation 或是 UITabBarController 來呈現畫面的切換。如下圖是使用 Navigation 來做畫面的切換，當你要呈現的資料沒有這麼多時，是要一頁一頁的切換畫面，這是否有點大材小用了；更或者在 iPad 螢幕比較大的情形，使用 UINavigation 一頁一頁的切換，但資料都是少量的。

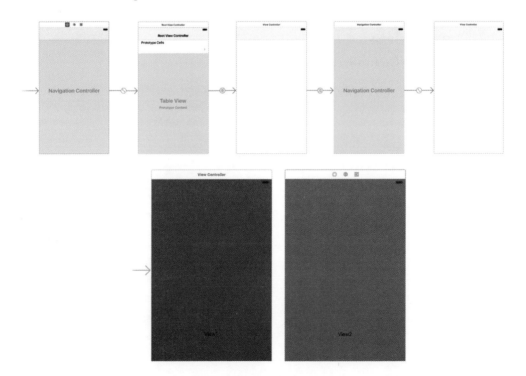

如果你要在 ViewController 內，在加入另外一個 ViewController，你無法直接透過操作 Storyboard 來達成，必須要透過手動寫程式的方式來完成。下面首先使用一個簡單的範例，將 View2 加入到 View1 內。

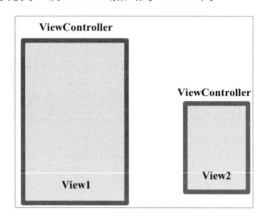

ViewController

View1

ViewController

View2

Step **1** 建立 Single View Application 專案，專案名稱為 Container。

Step **2** 編輯 MainStoryboard.storyboard 檔案

如右圖在加入一個 ViewController，並且在各自的 ViewController 放上一個 Label 元件，以及將兩個 ViewController 的背景顏色做改變；View1 設定成紅色，View2 設定成藍色。

Step **3** 新增 ViewController2

接著需要新增一個 UIViewController 的檔案，檔案名稱為 ViewController2。

按下專案資料夾右鍵 New File，選擇 iOS -> Cocoa Touch -> Next。

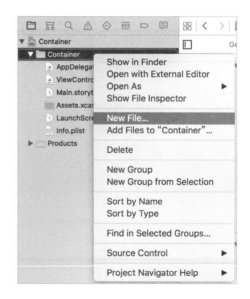

Subclass of 選擇 UIViewController，Class 名稱為 ViewController2，最後按下 Next 建立檔案。

建立完檔案後回到 MainStroyboard.storyboard， 選取 View2 的 ViewController，並且在右方選 擇到 Identity Inspector，將 Class 選擇為 ViewController2。最後設定該 ViewController 的 Storyboard ID 的值為 View2。

Step 4 編輯 ViewController.swift

```
import UIKit
class ViewController: UIViewController{
    var view2: ViewController2 = ViewController2();

    override func viewDidLoad() {
        super.viewDidLoad()
        view2 = self.storyboard!.instantiateViewController(withIdentifier: "View2")
                                                as! ViewController2
        self.view2.view.frame = CGRect(x: 50, y: 50, width: 220, height: 320)
        self.view.addSubview(self.view2.view)


    }
}
```

一開始要引入 ViewController2，並且定義一個 ViewController2 的類別變數 view2。在 viewDidLoad 方法內透過 instantiateViewController: 方法指定 Stroyboard 中的 Storyboard ID 值為 View2 的 ViewController 給 view2 這個類別變數。接著設定 view2 的位置與寬高(setFrame)，最後使用 addSubview 將

view2 加入目前的 view 中。 最後執行的結果如右圖，後來新增的 ViewController 就會加入到原本的 ViewController。

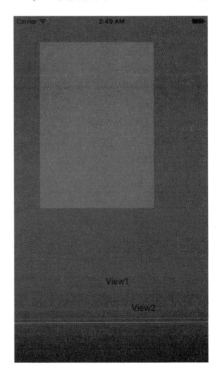

而 iOS 6 之後提供了一個新的元件

Container View，它可以直接透過操作 Storyboard 的方式，在 ViewController
中加入 ViewController。讓我們再次回到 MainStroyboard.storyboard 中，找到
元件表中的 Container View，並且拖曳到 View1 中的 ViewController。

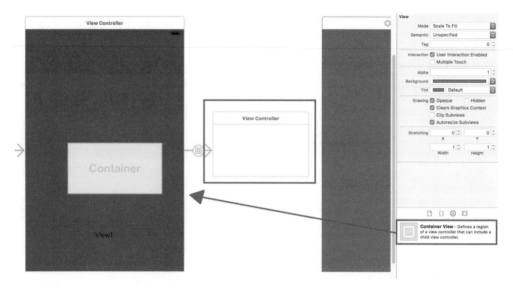

在 View1 的 ViewController 加入 Container View 後發現會自動連接出來一個
ViewController(虛線圈起)。我們就稱這個 ViewController 為 View3；接著一
樣在 View3 中加入一個 UILabel，並且 Title 改為 View3。

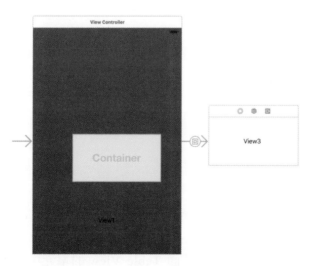

加入完成之後，於執行專案前，請先將
ViewContrller 檔案中，剛剛在 ViewDidLoad
方法加入的程式碼註解掉；成功以後，可以在
模擬器上看到 View1 中加入了 View3 的畫面
(如右圖)，而且不用撰寫到任何程式碼。

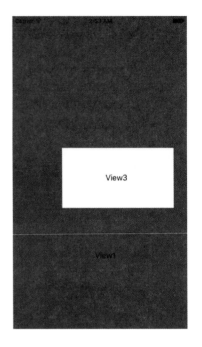

由上面的說明已經可以看到 Container 的方便了。然而上面只是加入 Container
而已；實際上以往透過 UINavigaton 的方式來一層一層的瀏覽資料，如下圖：

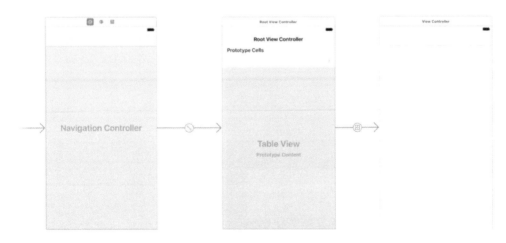

在 Table View 中列出幾個選項時，點選某個 cell 會切換到下一個
ViewController 中顯示你選擇的 cell 資料，而 Table View 之間傳遞參數的方
式都是透過 Segue 來傳遞，這在前面 Table View 的單元中也都做介紹過。由
下圖可看到，在 Detail 的地方只是單純的顯示你選擇了哪一個 cell，當你要
顯示的資訊也是這樣少少的時候，使用者就得要一直切換畫面來查看每個

cell 的資訊了；接下來就使用 Container View Controller，將這兩個畫面整合成一個。

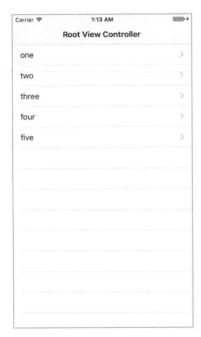

如下圖，想要在點選 cell 時，直接會將細部資訊呈現在下方，這樣一來可以避免使用者需要一直切換畫面，而且可以很快的時間瀏覽完每一個 cell 的資訊。

Step 1 另外建立一個新的專案，專案一樣使用 Single View Application 的樣版，專案名稱為 Container2。

Step 2 編輯 Main.storyboard

開啟 Stroyboard 後可以看到原本已經幫我們建立好的 View Controller，此時不要急著刪除它！因為我們需要透過它當做參數傳遞的媒介！繼續看下去你就會知道了。

在此先在這個預設的 ViewContrller 加入兩個 Container View，完成後如下圖。

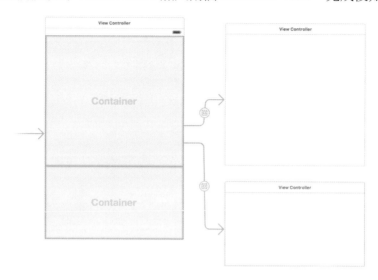

接著要將右上方的 View Controller 修改為 Table View Controller，所以將它刪除加入一個新的 Table View Controller。

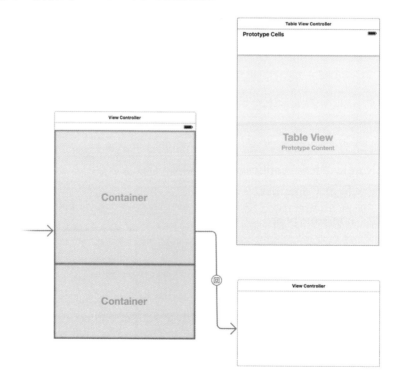

可以看到 Container View 與 Table View Controller 之間並沒有關聯，現在我們將它門建立起關聯，先點選到 Container View，按著『control』鍵往 Table View Controller 拖曳，接著會出現一個黑色的對話視窗，選擇 embed。

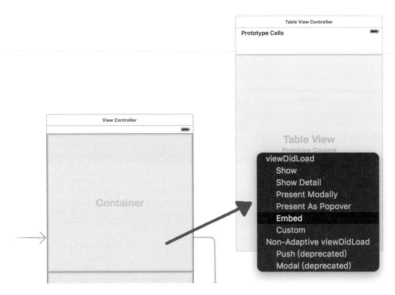

完成後可以看到 Container View 與 Table View Controller 建立起關聯了，如下圖。

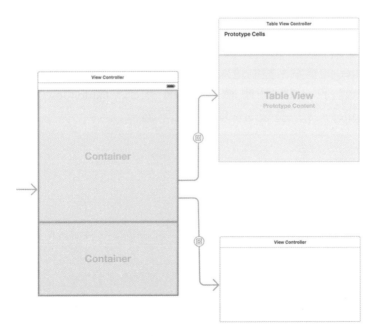

前面所說的 ViewController 被當做傳遞的媒介，如下圖，當點選了 Table View Controller 內的「Two」這個 cell，此時會告訴 ViewController 我們點選的哪一個 cell，再透過 ViewController 告訴下面的 ViewController 我們點選了「Two」這個 cell，並且將 cell 的值顯示出來。

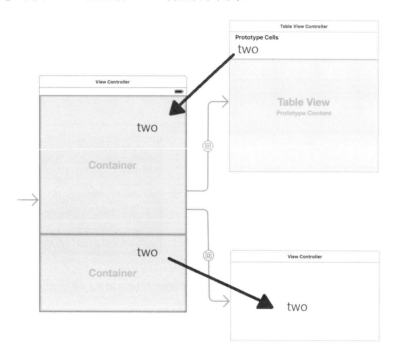

因為新增了兩個 Controller，接著需要建立 UITableViewController 與 UIViewController 的檔案來控制這兩個新增的 Controller。建立檔案的部份這邊就不再贅述了。這兩個檔案名稱分別 TableViewController 與 SubViewController。所以整體的管理規劃如下圖。

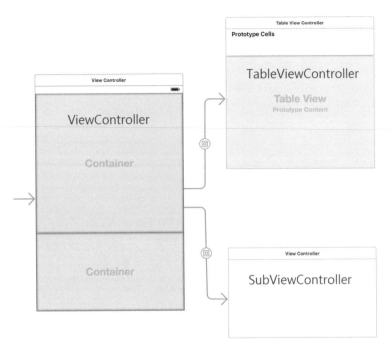

建立完檔案後，記得要去個別的 Controller 設定它們的 Class，如下圖。

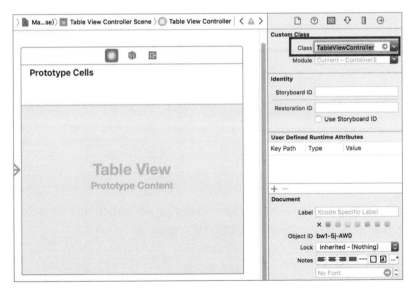

再來看到 Table View Controller 的部份，點選 Table View 內的 cell，我們需要給這個 cell 的 Identifier 值，因為要放入文字，需找到是要放到 Storyboard 中 Identifier 值為 Cell 的 cell 元件。如下圖，點選 cell 後，右方選擇 Attribute，最後在 Identifier 內輸入「Cell」。

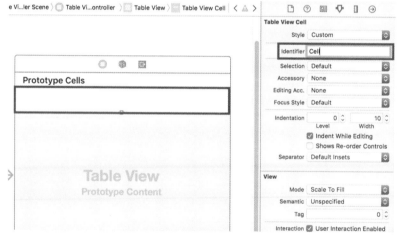

完成之後來看 SubViewController 的部份，因為要顯示我們點選 cell 的值，所以需要加入一個 Label 元件，如下圖。這邊我們將 Label 元件的字型調大，如何調整大小就不再贅述，先前的範例已經示範過。

不知道你是否還記得 Table View Controller，在先前傳遞參數的方式是透過 segue，而 segue 就是 Controller 與 Controller 之間的關聯線。現在我們也可以看到 Container 分別與 TableViewController、SubViewController 之間有關聯，而這兩條 segue 也需要給定 Identifier 值，傳遞參數則是透過 Identifier 來知道傳遞的路徑是哪一條，如下圖。

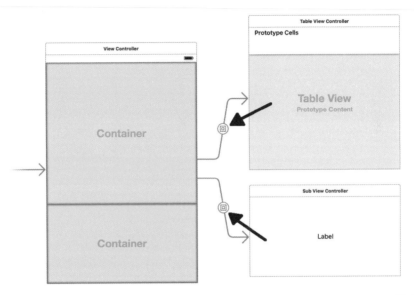

Container View 與 Table View Controller 之間 segue 的 Identifier 值給定為 TableView。

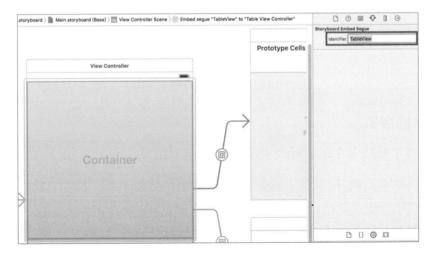

而與 SubViewController 的為 SubView。

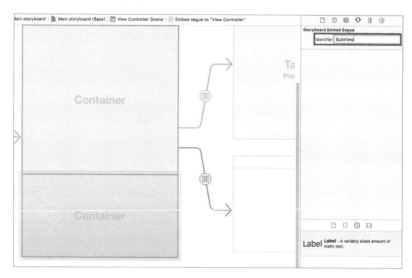

Step 3 編輯 TableViewController

首先需要編輯的是 TableViewController。

```swift
import UIKit

class TableViewController: UITableViewController {
    var data : NSArray = []
    var subview : SubViewController = SubViewController()
    override func viewDidLoad() {
        super.viewDidLoad()
    }
}
```

定義兩個變數

陣列內容是要放入 Table View Cell。

當點選 Table View Cell 時,要告訴 SubViewController 的 Label 元件,我們點選了哪一個 cell。

再來就是編輯 TableViewController.swift 的檔案。

```swift
override func viewDidLoad() {
    super.viewDidLoad()
    //定義陣列內容
    data = ["One","Two","Three","Four","Five"]
}
//回傳 Section 數量
override func numberOfSections(in tableView: UITableView) -> Int {
    return 1
}
//回傳 cell 數量
override func tableView(_ tableView: UITableView,
                        numberOfRowsInSection section: Int) -> Int {
    return data.count
}
//定義 cell 內容
override func tableView(_ tableView: UITableView,
                    cellForRowAt indexPath: IndexPath) -> UITableViewCell {
    let cell = tableView.dequeueReusableCell(withIdentifier: "Cell",
    for: indexPath)
    cell.textLabel!.text = "\(data[(indexPath as NSIndexPath).row])"
    return cell
}
```

上述的操作都跟之前 Table View 的一樣。在這裡不同是，以往 Table View 傳遞參數都是透過 prepareForSegue:sender:這個方法，但是現在 Table View 的 cell 並沒有 segue 的連接，因此無法在透過這個方法了。需要透過另一個方法，這個方法是 tableView:didSelectRowAtIndexPath:。

```swift
override func tableView(_ tableView: UITableView,didSelectRowAt indexPath:
IndexPath) {
    subview.sub_view_label.text = "\(data[(indexPath as NSIndexPath).row])"
}
```

在上述的方法，首先要將 SubViewController 引入，接著是指定 sub_view 的 sub_view_label 的文字為 data 陣列內的資料。上面的程式碼可能會有問題，因為目前在 sub_view 還尚未定義 Label 元件。

Step 4 編輯 SubViewController

```
@IBOutlet weak var sub_view_label: UILabel!
```

這邊需加入一個 UILable 的 sub_view_label 類別變數。

Step 5 編輯 ViewController.swift

ViewController 負責的工作就只是傳遞 TableViewController 的變數到 SubViewController 而已。因此不需要定義任何變數,只要撰寫方法即可。而傳遞方法是透過 segue,所以可透過 prepareForSegue:sender: 這個方法。

```
import UIKit
class ViewController: UIViewController {
    var table_view: TableViewController = TableViewController()
    var sub_view: SubViewController = SubViewController()
    override func viewDidLoad() {
        super.viewDidLoad()
        self.table_view.subview = self.sub_view;
    }
    override func prepare(for segue: UIStoryboardSegue, sender: Any?) {
        if (segue.identifier == "TableView") {
            self.table_view = segue.destination as! TableViewController
        } else if(segue.identifier == "SubView") {
            self.sub_view = segue.destination as! SubViewController
        }
    }
    override func didReceiveMemoryWarning() {
        super.didReceiveMemoryWarning()
    }
}
```

1. 定義兩個 property 的 TableViewController 與 SubViewController 類別變數。

2. 在 viewDidLoad 的時候,table_view 的 sub_view 要知道是 self.sub_view。

3. 在這個方法可以看到有兩個 if 判斷式,這兩個判斷式是用來判斷 segue 是哪一條路徑,然後分別告訴 table_view 與 sub_view 的目的地位置。

Step 6 編譯專案

最後編譯專案，點選 Table View 內的選項，下方的 Label 也會跟著做變化，這樣一來就可以很快速的看到 cell 內的資訊了。

39
CHAPTER

本機端通知

接下來要介紹在 iOS 10 推出的新框架 UserNotifications FrameWork，UserNotifications 用來處理與發送本機端以及遠端的通知。你可以使用這個框架下的類別去規劃在特定情況下發送的本機端通知，像是在某時或者某地發送通知。App 和一些擴展也會在收到通知時，使用這個框架去處理接收到的本機端或遠端通知。

接下來就實作一個本機端的通知，當完成後，可以在主畫面看到我們的通知視窗，如右圖：

Step 1 建立 Single View Application 專案，專案名稱為 Local Notification。

Step 2 編輯 AppDelegate.swift

```swift
import UIKit
import UserNotifications
@UIApplicationMain
class AppDelegate: UIResponder, UIApplicationDelegate{

    var window: UIWindow?

    func application(_ application: UIApplication,
                    didFinishLaunchingWithOptions launchOptions:
                    [UIApplicationLaunchOptionsKey: Any]?) -> Bool {
    // Override point for customization after application launch.
    let center = UNUserNotificationCenter.current()
    center.requestAuthorization(options: [ .alert, .sound, .badge],
                        completionHandler: { granted, error in  })
    return true
    }
    ...
}
```

先在 AppDelegate 中導入 UserNotifications，接著在 application(_:didFinish LaunchingWithOptions:) 中向使用者要求通知的權限。若使用者不允許使用通知權限，就無法跳出通知訊息。

Step 3 編輯 Main.storyboard

加入一個 Button，並將 Button 文字修改為「Send Notification」。接著在此按鈕之下，再新增一個按鈕，將其文字修改為「Remove Notifications」。並將兩個按鈕與程式碼做關聯。

Step 4 　編輯 ViewController.swift

```
import UIKit
import UserNotifications
class ViewController: UIViewController {
    let requestIdentifier = "NotificationRequest"

    override func viewDidLoad() {
        super.viewDidLoad()
        // Do any additional setup after loading the view, typically from a nib.
    }
    @IBAction func sendNotification(_ sender: Any) {
        let content = UNMutableNotificationContent()
        content.title = "Notification Study"
        content.body = "測試本機推播"
        content.sound = UNNotificationSound.default()

        let trigger = UNTimeIntervalNotificationTrigger.init(
                            timeInterval: 3.0, repeats: false)
        let request = UNNotificationRequest(identifier: requestIdentifier,
                            content: content, trigger: trigger)
```

```
        UNUserNotificationCenter.current().add(request,
                            withCompletionHandler: nil)

    }

    @IBAction func removeNotifications(_ sender: Any) {
        let center = UNUserNotificationCenter.current()
        center.removePendingNotificationRequests(
                        withIdentifiers: [requestIdentifier])
    }

    override func didReceiveMemoryWarning() {
        super.didReceiveMemoryWarning()
        // Dispose of any resources that can be recreated.
    }
}
```

先在 ViewController.swift 中 import UserNotifications，並宣告一常數字串 requestIdentifier，以便於之後刪除通知，接著在 sendNotification(_ sender: Any) 中設定要發送的通知內容。

先建立 UNMutableNotificationContent 的物件 content，並在其中設定通知的內容，可以設定 title、subtitle、body，分別對應其顯示的文字內容。sound 設定通知提示聲音，若無設定將不會有聲音。

接下來設定 UNTimeIntervalNotificationTrigger 的物件 trigger，設定 3 秒後通知，並且不重複。

觸發通知有下列幾種物件：

物件	說明
UNTimeIntervalNotificationTrigger	設定幾秒後通知
UNCalendarNotificationTrigger	設定某個時間點通知
UNLocationNotificationTrigger	設定在某地時通知
UNPushNotificationTrigger	遠端通知

之後設定 UNNotificationRequest 物件 request 將 requestIdentifier、content、trigger 給它，最後將這個 request 加進 UNUserNotificationCenter 中。

接著設定 removeNotifications(_ sender: Any)，removePendingNotification
Requests 用來刪除使用者還未收到的通知。

接著執行一次，按下「Send Notifications」，關閉畫面並等待三秒後，就會
如下圖的畫面：

Step 5 前景通知

接著設定讓 App 在前景時也能跳出通知，編輯 AppDelegate.swift 如下：

```
class AppDelegate: UIResponder, UIApplicationDelegate,
        UNUserNotificationCenterDelegate {

    var window: UIWindow?

    func application(_ application: UIApplication,
            didFinishLaunchingWithOptions launchOptions:
            [UIApplicationLaunchOptionsKey: Any]?) -> Bool {
        // Override point for customization after application launch.

        UNUserNotificationCenter.current().delegate = self
```

```
        let center = UNUserNotificationCenter.current()
        center.requestAuthorization(options: [.alert, .sound, .badge],
                             completionHandler: { granted, error in
            if granted {
                print("取得權限")
            }else{
                print("未取得權限")
            }
        })

        return true
    }

    func userNotificationCenter(_ center: UNUserNotificationCenter,
        willPresent notification: UNNotification,
        withCompletionHandler completionHandler:
        @escaping (UNNotificationPresentationOptions) -> Void) {
        completionHandler([.alert,.sound,.badge])
    }
    ...
}
```

AppDelegate 繼承 UNUserNotificationCenterDelegate，並加入 UNUserNotification Center.current().delegate = self。接著編輯 userNotificationCenter(_:willPresent: withCompletionHandler:)，加入 completionHandler，其參數表示顯示通知、聲音、icon 上的通知數字。

LocalNotification 完整程式碼

範例程式：AppDelegate.swift

```
01  import UIKit
02  import UserNotifications
03  @UIApplicationMain
04  class AppDelegate: UIResponder, UIApplicationDelegate,
05                  UNUserNotificationCenterDelegate {
06      var window: UIWindow?
07      func application(_ application: UIApplication,
08                      didFinishLaunchingWithOptions launchOptions:
```

```
09                              [UIApplicationLaunchOptionsKey: Any]?) -> Bool {
10              // Override point for customization after application launch.
11
12              UNUserNotificationCenter.current().delegate = self
13
14              let center = UNUserNotificationCenter.current()
15              center.requestAuthorization(options: [.alert, .sound, .badge],
16                                  completionHandler: { granted, error in
17                  if granted {
18                      print("取得權限")
19                  } else{
20                      print("未取得權限")
21                  }
22              })
23              return true
24          }
25          func userNotificationCenter(_ center: UNUserNotificationCenter,
26                      willPresent notification: UNNotification,
27                      withCompletionHandler completionHandler:
28                      @escaping (UNNotificationPresentationOptions) -> Void) {
29              completionHandler([.alert,.sound,.badge])
30          }
31
32          func applicationWillResignActive(_ application: UIApplication) {
33              // do something
34              ....
35          }
36          func applicationDidEnterBackground(_ application: UIApplication) {
37              // do something
38              ....
39          }
40          func applicationWillEnterForeground(_ application: UIApplication) {
41              // do something
42          }
43
44          func applicationDidBecomeActive(_ application: UIApplication) {
45              // do something
46          }
47
```

```
48    func applicationWillTerminate(_ application: UIApplication) {
49        // do something
50    }
51 }
```

📑 範例程式：ViewController.swift

```
01 import UIKit
02 import UserNotifications
03 class ViewController: UIViewController {
04     let requestIdentifier = "NotificationRequest"
05     override func viewDidLoad() {
06         super.viewDidLoad()
07         // Do any additional setup after loading the view, typically from a nib.
08     }
09     @IBAction func sendNotification(_ sender: Any) {
10         let content = UNMutableNotificationContent()
11         content.title = "Notification Study"
12         content.body = "測試本機推播"
13         content.sound = UNNotificationSound.default()
14
15         let trigger = UNTimeIntervalNotificationTrigger.init(
16                                 timeInterval: 6.0, repeats: false)
17         let request = UNNotificationRequest(identifier:requestIdentifier,
18                                 content: content, trigger: trigger)
19         UNUserNotificationCenter.current().add(request,
20                                 withCompletionHandler: nil)
21     }
22     @IBAction func removeNotifications(_ sender: Any) {
23         let center = UNUserNotificationCenter.current()
24         center.removePendingNotificationRequests(
25                             withIdentifiers: [requestIdentifier])
26     }
27
28     override func didReceiveMemoryWarning() {
29         super.didReceiveMemoryWarning()
30         // Dispose of any resources that can be recreated.
31     }
32 }
```

40
CHAPTER

將 App 建置到 iPhone 實體裝置上

當我們寫好 App 應用程式後，在撰寫程式的過程都是透過 iPhone 模擬器來測試操作，但有些功能模擬器並無法進行測試，例如照相功能。最後應用程式也是要安裝在實體裝置上的，因此接下來將說明，如何把您寫好的 App 應用程式安裝到實體裝置上。

iOS 的開發如果要能夠將寫好的 App 應用程式建置到實體裝置上，在 Xcode 7 以後已經不需要取得開發者帳號了。

接下來不會有程式碼的操作，完全都是建置到實體裝置並驗證的過程！

Step 1 開啟 Xcode -> Preferences -> Account。

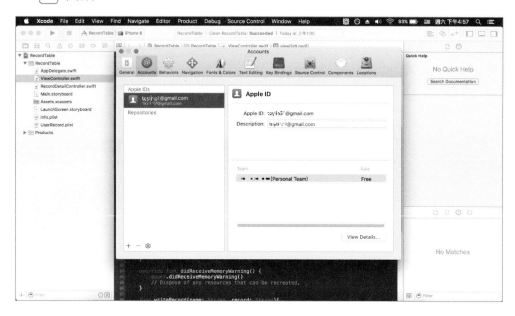

Step 2 按「＋」，並登入 Apple ID。

Step 3 在 Xcode 的導覽區選擇專案名稱，並選擇「General」，並在 Team 欄位選擇剛才登入的 Apple ID。這裡要注意的是，如果是複製其他人的專案，記得要修改 Idenity 中的 Bundle Identifier，例如將

com.mycompany.Sample 修改為 com.xxx.Sample，簡單地來說，中間
的字要將它改為別的，以防止衝突。

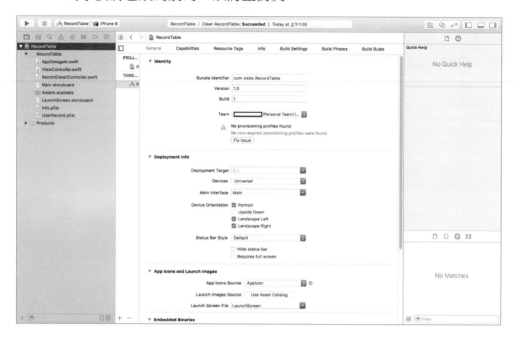

Step 4 　將實體裝置(如 iPhone、iPad)透過傳輸線連接至 Mac 電腦。

Step 5 　在選擇模擬器的地方就可以選擇實體裝置。

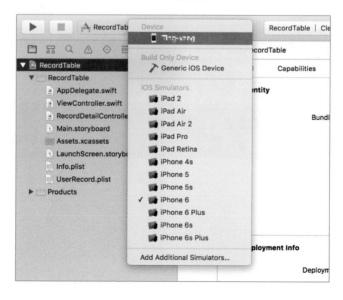

Step 6 按下執行會跑出以下的訊息，按下「Fix Issue」並等待執行完畢。

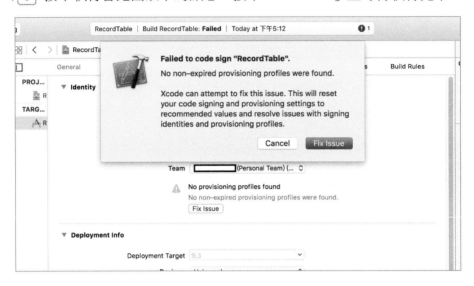

Step 7 安裝完成後，會跑出以下的安全性問題，按下 OK。

Step 8　到實體裝置上的「設定」->「一般」，往下滑會看到「描述檔與裝置管理」，裡面多出了剛剛登入的 Apple ID。

Step 9　按下 Apple ID 之後，按下「信任」。

Step 10 接著就可在實體裝置上開啟剛剛建立的 App 應用程式了。

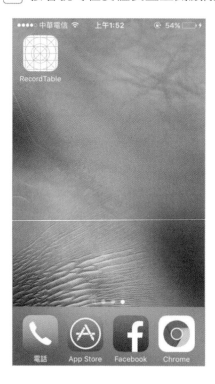
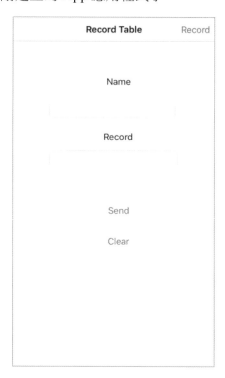

第 **2** 部分
iOS App 實作

此部分包含兩個章節，分別是實作提醒事項 App 和天氣 App，
將第一部分所論及的一些 UI 元件做整合，期許讀者對製作 iOS
的 App 有初步的概念和認識。

41
CHAPTER

提醒事項 App

接著要利用之前所提到的一些 UI 元件，來試著做一款提醒事項的小 App。

首先，這個 App 需要做到什麼事？

1. 羅列所有提醒事項
2. 記錄要做什麼事
3. 在特定的時間提醒使用者

1. 羅列所有提醒事項

要列出所有的提醒事項，這裡要用到 TableView，這裡會選擇使用 UITableViewController，不使用 UIViewController + UITableView 的原因待會兒會提到，這裡暫且跳過。

2. 記錄要做什麼事

可以說這裡要做到的就是對提醒事項的新增、修改、刪除，此處會用到 TextField：記錄提醒事項的標題、TextView：提醒事項的內容，plist：儲存提醒事項(可以使用其他儲存方法，只是這裡選用 plist 而已)、UILabel：記錄選定的提醒時間。

3. 在特定的時間提醒使用者

使用 UISwitch、UIButton、UIDatePicker、UILabel，用這幾個元件來達成選擇提醒時間。

接著看到 App 的畫面：

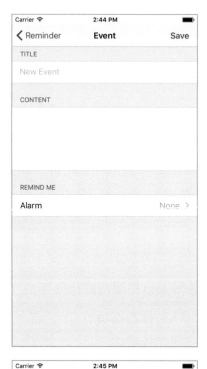

接下來就開始來實作這一個小 App。

Step 1　建立一個 Single View Application 的專案，命名為 reminder。

Step 2　準備鬧鐘的圖片

準備兩張有關鬧鐘的圖片，用來提示使用者哪個提醒事項有設定時間，將圖片放入 Assets.xcassets。

Step 3　刪除 ViewController

點選 storyboard，將原先的 ViewController 刪除，一併連專案中的 ViewController.swift 也一起刪除，因為接下來用的並不是這個 View。

Step 4　編輯 AppDelegate

```swift
import UIKit
import UserNotifications


@UIApplicationMain
class AppDelegate: UIResponder, UIApplicationDelegate,
                        UNUserNotificationCenterDelegate{

    var window: UIWindow?


    func application(_ application: UIApplication,
                    didFinishLaunchingWithOptions launchOptions:
                    [UIApplicationLaunchOptionsKey: Any]?) -> Bool {
        // Override point for customization after application launch.

        let center = UNUserNotificationCenter.current()
        center.requestAuthorization(
                                options: [ .alert, .sound, .badge],
                                completionHandler: { granted, error in
            if granted {
                print("取得通知權限")
            } else {
                print("未取得通知權限")
            }
        })
        UNUserNotificationCenter.current().delegate = self
```

```
        return true
    }
    //MARK: User Notification
    func userNotificationCenter(_ center: UNUserNotificationCenter,
                            didReceive response: UNNotificationResponse,
                            withCompletionHandler completionHandler:
                            @escaping () -> Void) {

    }

    func userNotificationCenter(_ center: UNUserNotificationCenter,
                    willPresent notification: UNNotification,
                    withCompletionHandler completionHandler:
                    @escaping (UNNotificationPresentationOptions) -> Void) {
                        completionHandler( [.alert,.sound,.badge])
    }
  ...
  }
```

首先導入 UserNotifications，接著繼承 UNUserNotificationCenterDelegate 協定，並且在 application(_:didFinishLaunchingWithOptions:) 中加入要求使用者通知權限的程式碼。

將 AppDelegate 指定給 UNUserNotificationCenter.current().delegate，並宣告 userNotificationCenter(_:willPresent:withCompletionHandler:) 方法，在方法內的 completionHandler 設定通知呈現方式。

Step 5　建立存取 plist 的類別

此處要建立一個 UITableViewController 的 Cocoa Touch Class 來存取 plist，因為在這個 App 中，都要使用 UITableViewController，而將存取資料的程式碼獨立出來，在後續修改程式碼上會比較方便。

新增一個 UITableViewController 並命名為 DataTableViewController。同時，也新增一個 plist，命名為 Events。

Step 6　編輯 DataTableViewController

範例程式

```
01    import UIKit
02    class DataTableViewController : UITableViewController{
03        var events = NSMutableArray()
04
05        let path : NSString = Bundle.main.path(forResource: "Events",
06                                    ofType:  "plist")! as NSString
07        let fileManager = FileManager.default
08        let paths : NSArray = NSSearchPathForDirectoriesInDomains(
09                            .documentDirectory,
10                            .userDomainMask, true) as NSArray
11        var documentsDirectory = NSString()
12        var writablePath = String()
13
14        override func viewDidLoad() {
15            super.viewDidLoad()
16            documentsDirectory = paths.object(at: 0) as! NSString
17            writablePath =
18                    documentsDirectory.appendingPathComponent("Events.plist")
19        }
20
21        override func didReceiveMemoryWarning() {
22            super.didReceiveMemoryWarning()
23            // Dispose of any resources that can be recreated.
24        }
25
26        //MARK: 讀取 plist
27        func firstLoadPlist() {
28
29            if !fileManager.fileExists(atPath: writablePath){
30                do {
31                    try fileManager.copyItem(atPath: path as String,
32                                    toPath: writablePath)
33                } catch {
34                    print("File exists")
35                }
36            }
```

```
37          events = NSMutableArray(contentsOfFile: writablePath)!
38      }
39
40      //MARK: 讀取 plist
41      func loadPlist() {
42          events = NSMutableArray(contentsOfFile: writablePath)!
43      }
44      //MARK: 儲存編輯後的 plist
45      func writePlist() {
46          events.write(toFile: writablePath, atomically: true)
47      }
48      //MARK: 將資料寫入 plist
49      func writePlist(title: String, content: String, date: [String],
50                      timeStemp: String) {
51          let event = ["Title": title, "Content": content, "Date": date,
52                       "Stemp": timeStemp] as [String : Any]
53          events.add(event)
54          writePlist()
55      }
56
57      //MARK: 更新 plist
58      func updatePlist(title: String, content: String, date: [String],
59                       timeStemp: String, index: Int) {
60          loadPlist()
61          let event = events.object(at: index) as AnyObject
62          event.setValue(title, forKey: "Title")
63          event.setValue(content, forKey: "Content")
64          event.setValue(date, forKey: "Date")
65          event.setValue(timeStemp, forKey: "Stemp")
66
67          writePlist()
68      }
69  }
```

操作 plist 的方式在此便不再多做說明。

Step 7　建立 Navigation Controller

在 storyboard 中的元件庫，拉出一個 Navigation Controller，並將 Navigation Controller 指定為 Initial View Controller，接著新增一個 UITableView Controller 的 Cocoa Touch Class，命名為 MainViewController，將 Navigation Controller 後的 TableViewController 對應的類別改為 MainViewController。

Step 8　建立客製化的 Cell

新增一個 UITableViewCell 的 Cocoa Touch Class 命名為 CustomTable ViewCell。在 storyboard 中選擇剛才的 UITableViewController，並將其 Cell 的 style 改為 custom、identifier 設為 Cell、CustomClass 設為 CustomTable ViewCell。

並在 Cell 中加入 UIImageView、兩個 UILabel。

完成後如下圖：

並將三個 UI 元件與 CustomTableViewCell 做上關聯，完成後 CustomTable
ViewCell.swift 程式碼如下：

📘 範例程式

```
01    import UIKit
02    class CustomTableViewCell: UITableViewCell {
03        //MARK: UI
04        @IBOutlet var eventTitle: UILabel!
05        @IBOutlet var eventContent: UILabel!
06        @IBOutlet var imgView: UIImageView!
07
08        override func setSelected(_ selected: Bool, animated: Bool) {
09            super.setSelected(selected, animated: animated)
10            // Configure the view for the selected state
11        }
12    }
```

Step 9   編輯 MainViewController

📘 範例程式

```
01    import UIKit
02    import UserNotifications
03    class MainViewController: DataTableViewController {
04        override func viewDidLoad() {
05            super.viewDidLoad()
06            firstLoadPlist()
07            tableView.rowHeight = 64.0
08        }
09
10        override func viewWillAppear(_ animated: Bool) {
11            super.viewWillAppear(animated)
12            self.tableView.reloadData()
13        }
14
15        override func didReceiveMemoryWarning() {
16            super.didReceiveMemoryWarning()
17            // Dispose of any resources that can be recreated.
18        }
19
```

```
20      //MARK: Back to Menu
21      @IBAction func unwindToMenu(segue: UIStoryboardSegue) {
22          events = NSMutableArray(contentsOfFile: writablePath)!
23          tableView.reloadData()
24      }
25
26      // MARK: - Table view data source
27      override func numberOfSections(in tableView: UITableView) -> Int {
28          return 1
29      }
30
31      override func tableView(_ tableView: UITableView,
32                          numberOfRowsInSection section: Int) -> Int {
33          // #warning Incomplete implementation, return the number of rows
34          return events.count
35      }
36
37      override func tableView(_ tableView: UITableView,
38              cellForRowAt indexPath: IndexPath) -> UITableViewCell {
39          let cell = tableView.dequeueReusableCell(
40                              withIdentifier: "Cell",
41                              for: indexPath) as! CustomTableViewCell
42          cell.accessoryType = .disclosureIndicator
43
44          let event = (events.object(at: indexPath.row) as AnyObject)
45
46          cell.eventTitle.text = event.object(forKey: "Title") as? String
47          cell.eventContent.text = event.object(forKey: "Content") as? String
48          let dateArr = event.object(forKey: "Date") as? [String]
49
50          if dateArr?.count != 0 {
51              cell.imgView.image = UIImage(named: "ic_alarm.png")
52          } else {
53              cell.imgView.image = UIImage(named: "ic_alarm_off.png")
54          }
55
56          return cell
57      }
58
59      override func tableView(_ tableView: UITableView,
```

```
60                                 didSelectRowAt indexPath: IndexPath) {
61             tableView.deselectRow(at: indexPath, animated: true)
62         }
63
64     override func prepare(for segue: UIStoryboardSegue, sender: Any?)  {
65         if segue.identifier == "show"  {
66             let indexPath =  self.tableView.indexPathForSelectedRow
67             let updateEvent = segue.destination as! EventViewController
68             let row = indexPath!.row
69             let event =  (events.object(at: row) as AnyObject)
70
71             updateEvent.isUpdate = true
72             updateEvent.eventTitle = event.object(forKey: "Title") as! String
73             updateEvent.eventContent =
74                             event.object(forKey: "Content") as! String
75             updateEvent.timeStemp = event.object(forKey: "Stemp") as? String
76             updateEvent.dateComponents =
77                             event.object(forKey: "Date") as! [String]
78             updateEvent.indexOfEvent = row
79         }
80     }
81
82     //MARK: Delete Cell
83     override func tableView(_ tableView: UITableView,
84                         commit editingStyle: UITableViewCellEditingStyle,
85                         forRowAt indexPath: IndexPath) {
86         if editingStyle == .delete {
87             let timeStemp = (events.object(at: indexPath.row) as AnyObject)
88                         .object(forKey: "Stemp") as? String
89             let center = UNUserNotificationCenter.current()
90             center.removePendingNotificationRequests(
91                             withIdentifiers: [timeStemp!])
92             events.removeObject(at: indexPath.row)
93             writePlist()
94             tableView.deleteRows(at: [indexPath], with: .fade)
95         } else if editingStyle == .insert {
96         }
97     }
98 }
```

為了在刪除提醒事項時，同時也把通知中心中未通知的訊息刪除，所以在此也要導入 UserNotifications。將 MainViewController 的繼承類別改成 DataTableViewController，以便存取 plist 的資料。在 viewDidLoad() 中，使用 firstLoadPlist() 讀取 plist 中的資料，以及設定列表中每列的高度。

viewWillAppear(_:) 中設定當畫面回到這裡時，重新整理列表。unwindToMenu(segue:) 用來設定當畫面回來後要做什麼事，unwindToMenu 並不是關鍵字，而是自行設定的 identifier。

接著是設定列表的資料，numberOfSections(in:) 回傳 1，tableView(_:numberOfRowsInSection:) 回傳 events 陣列中項目的數量。

tableView(_:cellForRowAt:) 設定每個 cell 的資料，先將 cell 指定為 CustomTableViewCell 類別，並設定每個 cell 最右側的圖示，在此設定為 .disclosureIndicator，是一個小箭頭。之後的程式碼是將 plist 中的資料指定給 cell 中的 UI 元件。

tableView(_:didSelectRowAt:) 中的 tableView.deselectRow(at: indexPath, animated: true)，讓選中的 cell 會有點選的動畫呈現。prepare(for:sender:) 中的程式碼是用來修改提醒事項用的程式碼，待會會再詳細說明。

tableView(_:commit:forRowAt:) 是設定 cell 左滑後出現的按鈕，並設定按鈕的功能，在此是將按鈕以及通知中心的通知刪除。

Step 10 加入下一個 View

第一個畫面大致完成，繼續下一個畫面，到 storyboard 中新增下一個 UITableViewController，並在第一個 UITableViewController 的 Navigation Bar 新增一個 Bar Button Item，並將其連接到新的 UITableViewController，Action Segue 選擇「show」，並且將 Cell 也連接到新的 UITableView Controller，同樣在 Action Segue 選擇「show」，但這次 Cell 的 segue，設定其 identifier 為「show」。如右圖：

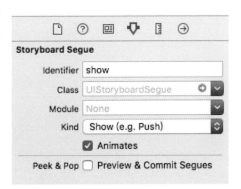

接著選擇 Table View，將 Content 改為「Static Cells」，Sections 為 3，Style 為「Grouped」，如下圖：

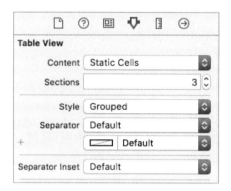

開始編輯這三個 Section，每個 Section 都將其 Cell 數設為 1，在第一個 Cell 中放入 UITextField，第二個 Cell 中放入 UITextView，第三個 Cell 不變，但將其 Style 設為「Right Detail」，並設定其中的 UILabel 為「Alarm」、「None」。並設定各個 Section 的標題為「Title」、「Content」、「Remind me」。

在 Navigation Bar 的右側加入 Bar Button Item，將其 Style 設為「Save」。

完成後如下圖：

Step 11 新增 EventViewController

新增一個 UITableViewController 的 Cocoa Touch Class，命名為 EventView
Controller。並將 UITextField、UITextView、UILabel、Bar Button Item 做上
關聯，並且改變其繼承的類別，改為 DataTableViewController。

範例程式

```
01    import UIKit
02    import UserNotifications
03    class EventViewController: DataTableViewController {
04
05        @IBOutlet var myTitle: UITextField!
06        @IBOutlet var myContent: UITextView!
07        @IBOutlet var myTime: UILabel!
08
09        //存檔用的變數
10        var eventTitle = ""
11        var eventContent = ""
12        var dateComponents = [String]()
13        var alarmData: Date?
14        var timeStemp: String?
15
16        //更新資料時的變數
17        var isUpdate = false
18        var indexOfEvent = 0
19
20        @IBAction func save(_ sender: Any) {
21            eventTitle = myTitle.text!
22            eventContent = myContent.text
23            if eventTitle == "" { eventTitle = "New Event" }
24            if eventContent == "" { eventContent = "No Content" }
25            if (timeStemp == nil) { timeStemp = getCurrentTime() }
26
27            if !isUpdate{
28                //寫入資料
29                writePlist(title: eventTitle, content: eventContent,
30                        date: dateComponents, timeStemp: timeStemp!)
31            }else{
32                //更新資料
```

```
33              updatePlist(title: eventTitle, content: eventContent,
34                           date: dateComponents, timeStemp: timeStemp!,
35                           index: indexOfEvent)
36          }
37          //觸發通知
38          if dateComponents.count != 0{
39              triggerNotification()
40          }
41
42          self.performSegue(withIdentifier: "unwindToMenu", sender: self)
43      }
44
45      override func viewDidLoad() {
46          super.viewDidLoad()
47          if isUpdate{
48              myTitle.text = eventTitle
49              myContent.text = eventContent
50              if dateComponents.count != 0 {
51                  let dateFormatter = DateFormatter()
52                  dateFormatter.dateStyle = DateFormatter.Style.medium
53                  dateFormatter.timeStyle = DateFormatter.Style.short
54
55                  var date = DateComponents()
56                  date.year = Int(dateComponents[0])
57                  date.month = Int(dateComponents[1])
58                  date.day = Int(dateComponents[2])
59                  date.hour = Int(dateComponents[3])
60                  date.minute = Int(dateComponents[4])
61
62                  alarmData = Calendar.current.date(from: date)
63                  myTime.text = dateFormatter.string(from: alarmData!)
64              }
65          }
66          loadPlist()
67      }
68
69      //MARK: Back to Event
70      @IBAction func unwindToEvent(segue: UIStoryboardSegue) {
71          if alarmData != nil {
```

```
72        let dateFormatter = DateFormatter()
73        dateFormatter.dateStyle = DateFormatter.Style.medium
74        dateFormatter.timeStyle = DateFormatter.Style.short
75        myTime.text = dateFormatter.string(from: alarmData!)
76
77        formatDate(date: self.alarmData!)
78      } else {
79        myTime.text = "None"
80        dateComponents = []
81      }
82    }
83
84    //MARK: Table View Configuration
85    override func tableView(_ tableView: UITableView,
86                    didSelectRowAt indexPath: IndexPath) {
87      tableView.deselectRow(at: indexPath, animated: true)
88    }
89
90    override func tableView(_ tableView: UITableView,
91                    heightForHeaderInSection section: Int) -> CGFloat {
92      return 30.0
93    }
94
95    //MARK: 格式化時間
96    func formatDate(date: Date) {
97      dateComponents = []
98      let dateFormatter = DateFormatter()
99      dateFormatter.dateFormat = "yyyy"
100      dateComponents.append(dateFormatter.string(from: date))
101      dateFormatter.dateFormat = "MM"
102      dateComponents.append(dateFormatter.string(from: date))
103      dateFormatter.dateFormat = "dd"
104      dateComponents.append(dateFormatter.string(from: date))
105      dateFormatter.dateFormat = "H"
106      dateComponents.append(dateFormatter.string(from: date))
107      dateFormatter.dateFormat = "mm"
108      dateComponents.append(dateFormatter.string(from: date))
109    }
110
```

```
111     override func didReceiveMemoryWarning() {
112         super.didReceiveMemoryWarning()
113         // Dispose of any resources that can be recreated.
114     }
115
116     //MARK: 觸發通知
117     func triggerNotification(){
118         let content = UNMutableNotificationContent()
119         content.title = eventTitle
120         content.body = eventContent
121         content.badge = 1
122         content.sound = UNNotificationSound.default()
123
124         var date = DateComponents()
125         date.year = Int(dateComponents[0])
126         date.month = Int(dateComponents[1])
127         date.day = Int(dateComponents[2])
128         date.hour = Int(dateComponents[3])
129         date.minute = Int(dateComponents[4])
130
131         if (timeStemp == nil) { timeStemp = getCurrentTime() }
132
133         let trigger = UNCalendarNotificationTrigger.init(dateMatching: date,
134                                                 repeats: false)
135         let request = UNNotificationRequest(identifier: timeStemp!,
136                             content: content, trigger: trigger)
137
138         UNUserNotificationCenter.current().add(request,
139                                     withCompletionHandler: nil)
140     }
141
142     //MARK: Get current Time
143     func getCurrentTime() -> String {
144         let currentTime = Calendar.current.dateComponents([.month, .day,
145                             .hour, .minute],  from: Date()).description
146         return currentTime
147     }
148
149  }
```

viewDidLoad()中，判斷 isUpdate 變數來看是否為修改提醒事項的狀態，如果為真，則將 MainViewController 中 prepare(for:sender:) 所獲得的資料稍做處理，並填入這個視圖中的 UI 元件。

接著載入 plist 的資料。這裡若沒有載入 plist 的資料，在存檔時會整個覆寫原本的 plist。

unwindToEvent(segue:) 這個方法同 MainViewController 中的 unwindToMenu (segue:)，是作為用這個 segue 回到此視圖時所作用的程式碼，判斷 alarmData 是否為 nil，將其做處理後，處理後的字串帶入 UILabel。

formatDate(date:) 是將稍後回傳的時間格式化後，好做設定時間通知的方法。

triggerNotification() 將上面填入的提醒事項的標題、內容設定為通知，並且以目前的時間點作為這個通知的 ID(方便刪除使用)，再將已經格式化後的時間嫁入通知中心。

getCurrentTime() 用以取得現在的時間點。

save(_:) 是按下 Save 按鈕的觸發方法，將 UI 元件中的資料儲存或更新，並且轉回 MainViewController。

要轉回 MainViewController 需到 storyboard 中設定 segue 的 identifier。首先在 EventViewController 上將 Event 上右鍵拖曳至 Exit，並選擇 unwindToMenu，如下圖：

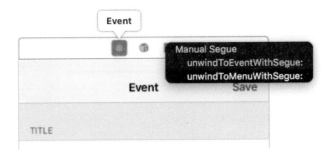

接著於左側 Event Scene 中，選擇 Unwind sgue，並設定 identifier 為 unwindToMenu。這樣按下「Save」後就可以跳轉回 MainViewController。

Step12 新增 AlarmTableViewController

接下來要設定通知的時間，操作過程如
EventViewController 時一樣，但這次只需要
一個 Section，這個 Section 中有三個 Cell，
完成畫面如右圖：

但這次要這個視圖是由下往上彈出，所以在 EventViewController 的第三個
Cell 所做的關聯要選擇 popover，並在之間加上一個 Navigation Controller，
完成後如下圖：

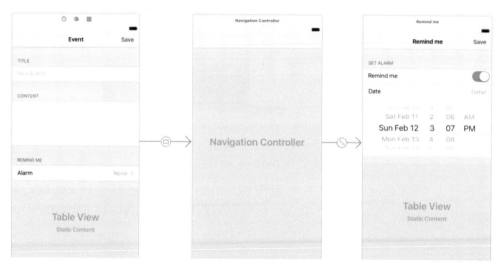

完成後，新增一個 UITableViewController 的 Cocoa Touch Class，命名為 AlarmTableViewController。將 UITableViewController 的 Custom Class 改為 AlarmTableViewController，UISwitch 的連結為 Outlet、Action、UILabel(也就是 Detail 字樣)的連結為 Outlet，UIDatePicker 的連結為 Action。

📑 範例程式：AlarmTableViewController

```
01    import UIKit
02    class AlarmTableViewController: UITableViewController {
03
04        @IBOutlet var toggle: UISwitch!
05        @IBOutlet var date: UILabel!
06        var pickerVisible = false
07        var tempDate: Date?
08
09        override func viewDidLoad() {
10            super.viewDidLoad()
11
12            toggle.isOn = false
13
14            tableView.contentInset = UIEdgeInsetsMake(0, 0, 0, 0)
15            tableView.tableFooterView = UIView(frame: CGRect.zero)
16
17        }
18
19        @IBAction func save(_ sender: Any) {
20            self.performSegue(withIdentifier: "unwindToEvent", sender: self)
21        }
22
23        @IBAction func toggleValueChanged(_ sender: UISwitch) {
24            if toggle.isOn {
25                let dateFormatter = DateFormatter()
26                dateFormatter.dateStyle = DateFormatter.Style.medium
27                dateFormatter.timeStyle = DateFormatter.Style.short
28                tempDate = Date()
29                date.text = dateFormatter.string(from: tempDate!)
30            }
31            tableView.reloadData()
32        }
```

```
33
34      @IBAction func dateChanged(_ sender: UIDatePicker) {
35          let dateFormatter = DateFormatter()
36          dateFormatter.calendar = sender.calendar
37          dateFormatter.dateStyle = DateFormatter.Style.medium
38          dateFormatter.timeStyle = DateFormatter.Style.short
39          tempDate = sender.date
40          date.text = dateFormatter.string(from: sender.date)
41      }
42
43      override func prepare(for segue: UIStoryboardSegue, sender: Any?) {
44          if segue.identifier == "unwindToEvent" {
45              if tempDate != nil && toggle.isOn {
46                  (segue.destination as! EventViewController).alarmData =
47                                                              tempDate!
48              }else{
49                  (segue.destination as! EventViewController).alarmData = nil
50              }
51          }
52      }
53
54      override func didReceiveMemoryWarning() {
55          super.didReceiveMemoryWarning()
56          // Dispose of any resources that can be recreated.
57      }
58
59      // MARK: - Table view data source
60
61      override func tableView(_ tableView: UITableView,
62                          didSelectRowAt indexPath: IndexPath) {
63          if indexPath.row == 1 {
64              pickerVisible = !pickerVisible
65              tableView.reloadData()
66          }
67
68          tableView.deselectRow(at: indexPath, animated: true)
69      }
70
71      override func tableView(_ tableView: UITableView,
```

```
72                          heightForHeaderInSection section: Int) -> CGFloat {
73          return 30.0
74      }
75
76      override func tableView(_ tableView: UITableView,
77                          heightForRowAt indexPath: IndexPath) -> CGFloat {
78          if indexPath.row == 1 && toggle.isOn == false {
79              return 0.0
80          }
81          if indexPath.row == 2 {
82              if toggle.isOn == false || pickerVisible == false {
83                  return 0.0
84              }
85              return 165.0
86          }
87          return 44.0
88      }
89  }
```

在這個類別中，並不需要存取 plist 中的資料，只需要將 UIDatePicker 中獲得的時間，回傳給 EventViewController 即可，所以並不需繼承 DataTableViewController。

在 viewDidLoad() 中將 toggle.isOn 設為 false，預設是使用者要自行開啟通知。toggleValueChanged(_:) 是 UISwitch 的觸發事件，將現在時間帶入 UILabel 中；dateChanged(_:) 當 UIDatePicker 改變後，會將 UIDatePicker 的時間帶入 UILabel。

在 tableView(_:didSelectRowAt:) 中定義了，點擊 indexPath.row 為 1 的 Cell 時 (也就是 UILabel 的那個 Cell)，將會顯示或隱藏 UIDatePicker。而 tableView(_:heightForRowAt:) 中定義了各個 Cell 在不同情況下的高度。

save(_:) 在按下 Save 按鈕後，回到 EventViewController，傳值方式寫在 prepare(for:sender:)中，判斷 toggle 是否開啟，再傳遞 Date 類別的物件回到 EventViewController。

要 回 到 EventViewController，首 先 得 在 storyboard 中 設 定 segue 的 identifier。首先在 AlarmViewController 上，將 Remind me 上右鍵拖曳至 Exit，並選擇 unwindToEvent，如下圖：

接著在左側 Remind me Scene 中，選擇 Unwind segue，並設定 identifier 為 unwindToEvent。這樣按下「Save」後就可以回到 EventViewController。

這樣便完成了這一個提醒事項的 App，執行後實際畫面如下：

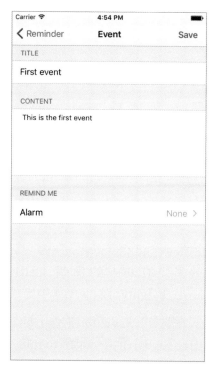

42

天氣 App

現在試著利用其他的 UI 元件來完成另一個 App，接下來的範例是要用網路上獲取的資料，來完成一個可以查看天氣的 App。

首先，這個 App 需要做到什麼事？

1. 從網路上擷取天氣資料
2. 查看所選地區的天氣
3. 儲存想查看的地區
4. 搜尋地區

1. 從網路上擷取天氣資料

在這個範例中會用到網路上的天氣資料，此處使用的是 openweathermap 的 API，你也可以使用其他網站所提供的資料來製作，如中央氣象局提供的公開氣象資訊、Yahoo 所提供的資料，但在資料的處理過程會有所不同。

2. 查看所選地區的天氣

當從 openweathermap 的 API 獲得 JSON 後，將這些資料中所要的部分擷取出來，並放到所設計的畫面中，以方便使用者查看天氣資訊。

3. 儲存想查看的地區

將想要查看其天氣的地區，加入於最愛中。這邊使用的是讀取 CoreData 的資料，並將資料放進 UITableView 中。

4. 搜尋地區

在 openweathermap 所提供的地區資料中，找到想要查看的天氣資訊。這裡會使用到 CoreData、SearchBarController 以及 UITableView。

接著來看預計完成的 App 畫面：

現在就開始來實作這一個天氣 App。

Step 1　建立一個 Single View Application 的專案，記得勾選 Use CoreData，
　　　　命名為 weatherApp。

Step 2　到 openweathermap 註冊會員。

以下是 openweathermap 的網站：

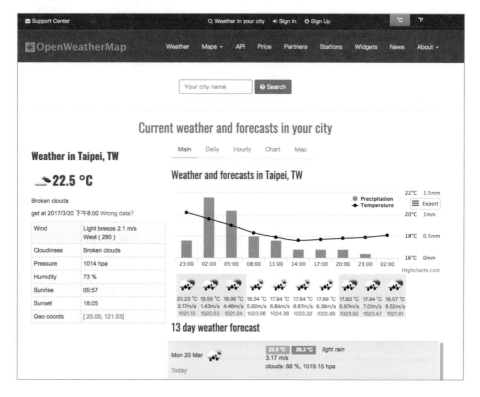

要使用 openweathermap 的天氣資料就需要註冊它的會員，完成後便可以取得 API Key。

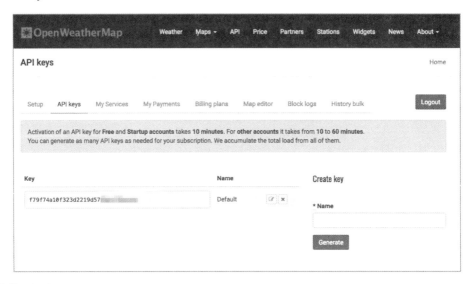

接著看到 API。

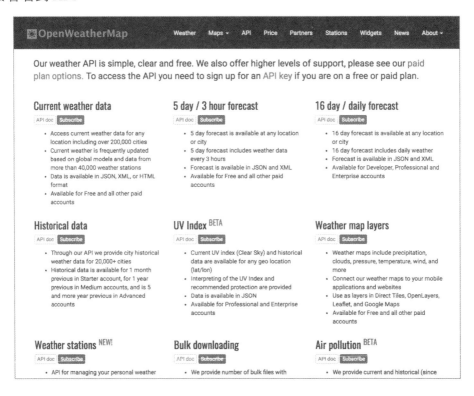

在免費的帳戶中，能夠使用的主要是 Current weather data、5 day / 3 hour forecast。如果對付費的資料有興趣的話，可以再自行到 Price 的頁面獲取相關資訊。

接著就看 Current weather data、5 day / 3 hour forecast 這兩個文件內的資訊，看如何使用它的 API 和其 JSON 格式。

除此之外，還會需要各個城市的 ID，請到以下網址下載 txt 文件：

http://openweathermap.org/help/city_list.txt

這份文件中，有 id、name、lat、lon、countryCode，但這裡只需要用到 id、name 這兩個即可。將 txt 文件以 Excel 開啟，也可以使用其他軟體，只要能做到以下的事即可，將 lat、lon、countryCode 這三個欄位刪除，並補上 fav 欄位，並將每個地區的 fav 設為 0。要注意這份 txt 中 name 有 4 個空值，轉換時記得找出並刪除。

接著將檔案存成 CSV 檔備用，之後要導入 sqlite 中。

Step 3　準備天氣圖片

在網路上可以找到許多免費的圖庫，可以免費使用，但要注意它的授權。在此範例中使用的圖片來源如下：

http://www.freepik.com/free-vector/weather-icons-set_709126.htm

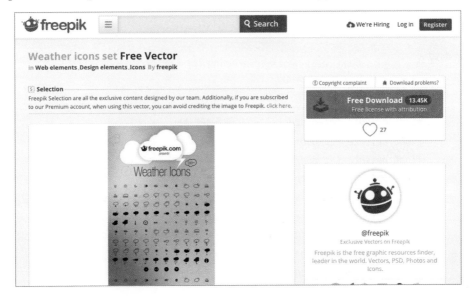

要免費使用的話，需要屬名來源：

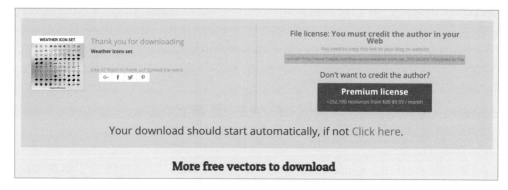

新建立一個 weather.xcassets，並將以下將用到的圖片存進去：

Step 4 建立 WeatherData.swift

首先，新增一個 swift 檔案，並將它命名為 WeatherData。

範例程式

```
01   import Foundation
02   class WeatherData{
03       final private let appId = ""  //輸入 API key
04       final private let queryID = "id="
05       final private let queryKey = "&appid="
06       final private let currentWeatherAPI =
07               "http://api.openweathermap.org/data/2.5/weather?" //現在天氣
08       final private let forecastWeatherAPI =
09               "http://api.openweathermap.org/data/2.5/forecast?" //未來天氣
10       fileprivate var currentWeatherJson = [String:Any]()
11       fileprivate var forecastWeatherJson = [String:Any]()
12
```

```
13      init() {}
14
15      func currentDataJSON(id: Int32) -> [String:Any]{
16          let url = URL(string: currentWeatherAPI
17                          +queryID+String(id)+queryKey+appId)
18          do {
19              let jsonData = try Data(contentsOf: url!)
20              currentWeatherJson = try JSONSerialization
21                          .jsonObject(with: jsonData,
22                          options: JSONSerialization
23                          .ReadingOptions.mutableContainers)
24                          as! [String:Any]
25          } catch {
26              print(error)
27          }
28          return currentWeatherJson
29      }
30
31      func forcastDataJSON(id: Int32) -> [String:Any]{
32          let url = URL(string: forecastWeatherAPI
33                          +queryID+String(id)+queryKey+appId)
34          do {
35              let jsonData = try Data(contentsOf: url!)
36              forecastWeatherJson = try JSONSerialization
37                          .jsonObject(with: jsonData,
38                          options: JSONSerialization
39                          .ReadingOptions.mutableContainers)
40                          as! [String:Any]
41          } catch {
42              print(error)
43          }
44          return forecastWeatherJson
45      }
46  }
```

建立 WeatherData 的類別，如何獲取 JSON 的方式在此便不再多談，而獲取地區 ID 的方法，在之後的搜尋地區中會談到。此處要記得的是，因為其 API 並非 https 這樣安全加密的網址，所以需要到 Info.plist 中開啟對 http 的連線，如下圖的設定：

Step 5 修改 Main.storyboard

將原本 Main.storyboard 的 ViewController 刪除，並從 UI 元件庫中拖曳出 Tab Bar Controller，並且將上面的視圖完成以下設計：

在這個視圖中所用到的都是 UILabel、UIImageView、UIView，中間的 Designed by Freepik 是在這個範例中所使用的圖片署名，因為使用的是免費圖片，授權來源是必需要附上，因此會需要這個 Label，而中間兩條橫線是 UIView，將高設為 1、背景設為白色。這個視圖的背景也是一個新加入的 UIView，顏色為 #00C9FF，之所以不使用原本 ViewController 更改其背景顏色，是因為會一併影響到 Tab Bar 的顏色。

將下方的視圖完成以下設計：

最上方放上 NavigationBar，且放上一個 Bar Button Item，中間放入 TableView 與 TableViewCell。

接著新增一個 ViewController，並完成以下設計：

最上方放入 SearchBarController，中間放入 TableView。

完成後再將視圖完成連上 segue：

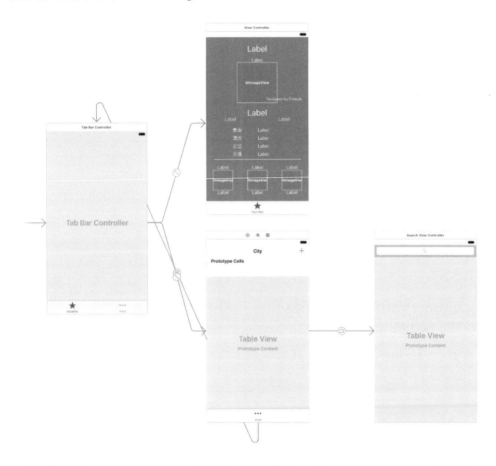

下方視圖的 Bar Button Item 連到右邊的視圖，而 TableViewCell 則連回 Tab Bar Controller，將此連線的 Identifier 設為「show」。

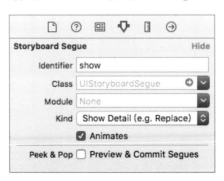

Step 6 建立關聯

先將上方視圖的 CustomClass 改為 ViewController。

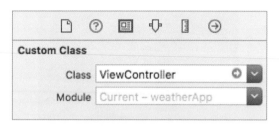

接著完成以下關聯，ViewController.swift 程式碼如下：

```swift
import UIKit
class ViewController: UIViewController {
    //今天
    @IBOutlet var city: UILabel!
    @IBOutlet var temperature: UILabel!
    @IBOutlet var temp_max: UILabel!
    @IBOutlet var temp_min: UILabel!
    @IBOutlet var pressure: UILabel!
    @IBOutlet var humidity: UILabel!
    @IBOutlet var sunrise: UILabel!
    @IBOutlet var sunset: UILabel!
    @IBOutlet var currentStatus: UIImageView!
    @IBOutlet var describeStaus: UILabel!

    //預測
    @IBOutlet var day1: UILabel!
    @IBOutlet var day2: UILabel!
    @IBOutlet var day3: UILabel!
    @IBOutlet var temp1: UILabel!
    @IBOutlet var temp2: UILabel!
    @IBOutlet var temp3: UILabel!
    @IBOutlet var forecastStatus1: UIImageView!
    @IBOutlet var forecastStatus2: UIImageView!
    @IBOutlet var forecastStatus3: UIImageView!
    ...
}
```

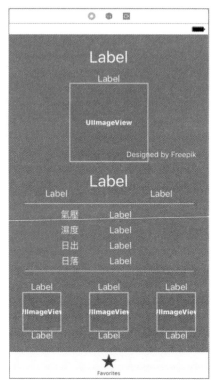

以下是關於今日天氣的變數名稱以及位置。

變數名稱	位置
city	最上方的 Label
temperature	中間的大 Label
temp_max	temperature 左側
temp_min	temperature 右側
pressure	氣壓右側 Label
humidity	濕度右側 Label
sunrise	日出右側 Label
sunset	日落右側 Label
currentStatus	city 下方的 UIImageView
describeStaus	city 下方的 Label

以下是關於未來天氣的變數名稱。

變數名稱	位置
day1	左側下方 Label
day2	中間下方 Label
day3	右側下方 Label
temp1	左側最下方 Label
temp2	中間最下方 Label
temp3	右側最下方 Label
forecastStatus1	左側下方 UIImageView
forecastStatus2	中間下方 UIImageView
forecastStatus3	右側下方 UIImageView

新增一個 CocoaTouch 的 FavViewController.swift，然後將下方視圖的 CustomClass 改為 FavViewController，並完成其 UI 元件關聯。

FavViewController.swift

```
import UIKit
class FavViewController: UIViewController {
    @IBOutlet var tableView: UITableView!
    ...
}
```

新增一個 CocoaTouch 的 SearchViewController.swift，然後將下方視圖的 CustomClass 改為 SearchViewController，並完成其 UI 元件關聯。

SearchViewController.swift

```
import UIKit
class SearchViewController: UIViewController {
    @IBOutlet var searchBar: UISearchBar!
    @IBOutlet var tableView: UITableView!
    ...
}
```

Step 7　編輯 ViewController.swift

```
import UIKit
```

```
class ViewController: UIViewController {
    ...略
    var weatherData = WeatherData()
    var cityID = Int32(1668341) //Taipei ID

    override func viewDidLoad() {
        super.viewDidLoad()

        setCurrentWeather()
        setForeCastWeather()
    }

    //載入現在天氣
    func setCurrentWeather(){
        var json = weatherData.currentDataJSON(id: cityID)
        if !json.isEmpty {
            let main = json["main"] as! [String:Any]
            let sys = json["sys"] as! [String:Any]
            let weather = json["weather"] as! [[String:Any]]
            city.text = json["name"] as? String
            describeStaus.text = weather[0]["description"] as? String
            temperature.text = "\(convertDegree(main["temp"]!))°"
            temp_max.text = "\(convertDegree(main["temp_max"]!))°"
            temp_min.text = "\(convertDegree(main["temp_min"]!))°"
            pressure.text = "\(main["pressure"]!) hpa"
            humidity.text = "\(main["humidity"]!) %"
            let srise =
                    Date(timeIntervalSince1970: (sys["sunrise"] as? Double)!)
            let sset =
                    Date(timeIntervalSince1970: (sys["sunset"] as? Double)!)
            let dateformat = DateFormatter()
            dateformat.timeStyle = DateFormatter.Style.short
            sunrise.text = "\(dateformat.string(from: srise))"
            sunset.text = "\(dateformat.string(from: sset))"

            currentStatus.image = weatherPic(status: weather[0]["id"] as! Int)
            currentStatus.tintColor = .white
        } else {
            checkNetwork()
```

```swift
    }
}

//載入未來天氣，只使用三天的預測值
func setForeCastWeather(){
    var forejson = weatherData.forcastDataJSON(id: cityID)
    if !forejson.isEmpty {
        var list = forejson["list"] as! [[String:Any]]
        let dateformat = DateFormatter()
        dateformat.dateFormat = "HH"

        let date1 =
                Date(timeIntervalSince1970: (list[0]["dt"] as? Double)!)
        let date2 =
                Date(timeIntervalSince1970: (list[1]["dt"] as? Double)!)
        let date3 =
                Date(timeIntervalSince1970: (list[2]["dt"] as? Double)!)
        let fore1 = list[0]["main"] as! [String:Any]
        let fore2 = list[1]["main"] as! [String:Any]
        let fore3 = list[2]["main"] as! [String:Any]
        let weather1 = list[0]["weather"] as! [[String:Any]]
        let weather2 = list[1]["weather"] as! [[String:Any]]
        let weather3 = list[2]["weather"] as! [[String:Any]]

        day1.text = "\(dateformat.string(from: date1))時"
        day2.text = "\(dateformat.string(from: date2))時"
        day3.text = "\(dateformat.string(from: date3))時"

        temp1.text = "\(convertDegree(fore1["temp"]!))°"
        temp2.text = "\(convertDegree(fore2["temp"]!))°"
        temp3.text = "\(convertDegree(fore3["temp"]!))°"

        forecastStatus1.image =
                    weatherPic(status: weather1[0]["id"] as! Int)
        forecastStatus2.image =
                    weatherPic(status: weather2[0]["id"] as! Int)
        forecastStatus3.image =
                    weatherPic(status: weather3[0]["id"] as! Int)
        forecastStatus1.tintColor = .white
```

```
        forecastStatus2.tintColor = .white
        forecastStatus3.tintColor = .white
    }
}

//提醒檢查網路連線
func checkNetwork(){
    let alertView: UIAlertView = UIAlertView()
    alertView.title = "擷取資料失敗"
    alertView.message = "請重新檢查網路連線"
    alertView.delegate = self
    alertView.addButton(withTitle: "OK")
    alertView.show()
}

func alertView(_ View: UIAlertView!,
            clickedButtonAtIndex buttonIndex: Int) {
    switch buttonIndex {
    case 0:
        setCurrentWeather()
        setForeCastWeather()
    default:
        break;
    }
}
//轉換絕對溫度
func convertDegree(_ degree: Any) -> Double {
    return (degree as! Double) - 273.15
}

//選擇天氣圖片
func weatherPic(status: Int) -> UIImage {

    var a = "001lighticons-45.png"
    switch status {
    case 200..<300:
        a = "001lighticons-15.png"
    case 300..<400:
        a = "001lighticons-17.png"
```

```
        case 500..<600:
            a = "001lighticons-18.png"
        case 600..<700:
            a = "001lighticons-24.png"
        case 700..<800:
            a = "001lighticons-13.png"
        case 800:
            a = "001lighticons-2.png"
        case 801...805:
            a = "001lighticons-25.png"
    default:
            break
    }
    var template = UIImage(named: a)
    template = template?.withRenderingMode(.alwaysTemplate)
    return template!
    }
    override func didReceiveMemoryWarning() {
        super.didReceiveMemoryWarning()
        // Dispose of any resources that can be recreated.
    }
}
```

setCurrentWeather()和 setForeCastWeather() 內容相似，先取得 JSON 後，判斷 JSON 是否為空，再將 JSON 的內容給各個 UI 元件。這裡 JSON 的處理方法，會依據伺服器給的資料而有所不同，所以若不是使用 openweathermap 提供的資料，寫法也會根據 JSON 內容而有所不同。

在氣溫的處理上，使用了 convertDegree(_:)，因為 openweathermap 提供了絕對溫度，須將其減去 273.15 轉換為攝氏溫度。

這裡的日出、日落時間，會這樣處理是因為 openweathermap 給的是 UNIX 時間，是從 1970 年 1 月 1 日 0 時 0 分 0 秒起至現在的總秒數，所以會需要用 Date(timeIntervalSince1970:)，來轉換為易讀的時間。

之所以會需要 checkNetwork()，是因為取得資訊是需要網路的，若在沒有網路的情況下繼續程式碼的執行，程式會出錯閃退。而 alertView(_:clickedButtonAtIndex:) 讓這判斷形成遞迴，只要按下「Ok」就再次取資料，若仍取不到資料，就會再次提醒使用者檢查網路狀態。
weatherPic(status:) 中判斷天氣狀況為何，請參照以下網址內容：

https://openweathermap.org/weather-conditions

在此使用的未來天氣資訊，只有使用未來 3、6、9 小時的天氣資訊。

Step 8 使用 CoreData

設定 Entity 如下圖：

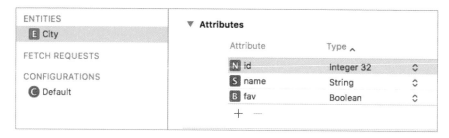

接著做如下圖的設定：

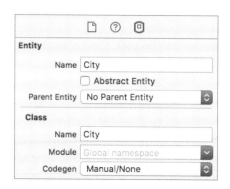

再到工具列中，Editor -> Create NSManagedObject Subclass，讓 Xcode 產生
City 的類別。

範例程式：City＋CoreDataClass.swift

```
01  import Foundation
02  import CoreData
03
04  @objc(City)
05  public class City: NSManagedObject {
06
07      //取得搜尋的城市結果
```

```
08    class func getFilterCity(_ moc:NSManagedObjectContext,
09                          name: String) -> [City] {
10        let condition = "name CONTAINS[cd] '\(name)' and fav = '0'"
11        var request: NSFetchRequest<City>
12        request = City.fetchRequest()
13        request.predicate = NSPredicate(format: condition,"")
14
15        do {
16            return try moc.fetch(request)
17        }catch{
18            fatalError("Failed to fetch data: \(error)")
19        }
20    }
21
22    //加入最愛的城市
23    class func addFavCity(_ moc:NSManagedObjectContext, id: Int32){
24        let condition = "id CONTAINS[cd] '\(id)'"
25        var request: NSFetchRequest<City>
26        request = City.fetchRequest()
27        request.predicate = NSPredicate(format: condition,"")
28
29        do {
30            var item = try moc.fetch(request)
31            item[0].fav = true
32            try moc.save()
33        } catch {
34            fatalError("Failed to fetch data: \(error)")
35        }
36    }
37
38    //刪除最愛的城市
39    class func delFavCity(_ moc:NSManagedObjectContext, id: Int32){
40        let condition = "id CONTAINS[cd] '\(id)'"
41        var request: NSFetchRequest<City>
42        request = City.fetchRequest()
43        request.predicate = NSPredicate(format: condition,"")
44
45        do {
46            var item = try moc.fetch(request)
```

```
47              item[0].fav = false
48              try moc.save()
49          } catch {
50              fatalError("Failed to fetch data: \(error)")
51          }
52      }
53
54      //取得最愛的城市
55      class func getFavCity(_ moc:NSManagedObjectContext) -> [City] {
56          let condition = "fav = '1'"
57          var request: NSFetchRequest<City>
58          request = City.fetchRequest()
59          request.predicate = NSPredicate(format: condition,"")
60
61          do {
62              return try moc.fetch(request)
63          } catch {
64              fatalError("Failed to fetch data: \(error)")
65          }
66      }
67  }
```

這邊可以看到下條件的 NSPredicate 語法，condition 寫入了所需的條件，而 request.predicate = NSPredicate(format: condition,"") 這段程式碼是將條件給了 request。

條件	說明
>、<、==、>=、<=、!=	比較運算子
IN、BETWEEN	範圍運算子
BEGINSWITH	以某字串開頭
ENDSWITH	以某字串結尾
CONTAINS	包含某字串
[c]	不區分大小寫
[d]	不區分變音符號

接著新增一個控制這些語法的 CityList.swift。

範例程式

```
01  import UIKit
02  import CoreData
03
04  class CityList{
05      let moc = (UIApplication.shared.delegate as! AppDelegate)
06                  .managedObjectContext
07
08      fileprivate var cities = [City]()
09
10      init(){}
11
12      func getFilteredCity(name: String) -> [City] {
13          cities = City.getFilterCity(moc, name: name)
14          return cities
15      }
16
17      func addFavCity(id: Int32) {
18          City.addFavCity(moc, id: id)
19          print("加入\(id)")
20      }
21
22      func delFavCity(id: Int32) {
23          City.delFavCity(moc, id: id)
24          print("刪除\(id)")
25      }
26
27      func getFavCity()-> [City] {
28          cities = City.getFavCity(moc)
29          return cities
30      }
31  }
```

使用 CoreData 的程式碼完成後，要來編輯所使用的 sqlite。

AppDelegate

```swift
01  import UIKit
02  import CoreData
03
04  @UIApplicationMain
05  class AppDelegate: UIResponder, UIApplicationDelegate {
06
07      var window: UIWindow?
08
09      func use_sqlite(){
10          // Check if there is a SQLite file
11          let dbPath = NSHomeDirectory() + "/Documents/city_list.sqlite"
12          // Get the path of SQLite in project
13          let path: String = Bundle.main.path(forResource: "city_list",
14                                              ofType: "sqlite")!
15          if !FileManager.default.fileExists(atPath: dbPath) {
16              do {
17                  // Copy SQLite to Document
18                  try  FileManager.default.copyItem(atPath: path, toPath: dbPath)
19              } catch {
20                  print(error)
21              }
22          } else {
23
24          }
25      }
26      lazy var applicationDocumentsDirectory: URL = {
27          let urls = FileManager.default.urls(for: .documentDirectory,
28                                              in: .userDomainMask)
29          return urls[urls.count-1]
30      } ()
31
32      lazy var managedObjectModel: NSManagedObjectModel = {
33          let modelURL = Bundle.main.url(forResource: "weatherApp",
34                                          withExtension: "momd")!
35          return NSManagedObjectModel(contentsOf: modelURL)!
36      } ()
37
```

```
38    lazy var managedObjectContext: NSManagedObjectContext = {
39        let coordinator = self.persistentStoreCoordinator
40        var managedObjectContext = NSManagedObjectContext(concurrencyType:
41                                   .mainQueueConcurrencyType)
42        managedObjectContext.persistentStoreCoordinator = coordinator
43        return managedObjectContext
44    } ()
45
46    lazy var persistentStoreCoordinator: NSPersistentStoreCoordinator? = {
47
48        AppDelegate().use_sqlite()
49
50        let coordinator = NSPersistentStoreCoordinator(
51                          managedObjectModel: self.managedObjectModel)
52        let url = self.applicationDocumentsDirectory
53                      .appendingPathComponent("city_list.sqlite")
54        var failureReason =
55        "There was an error creating or loading the application's saved data."
56        do {
57            try coordinator.addPersistentStore(ofType: NSSQLiteStoreType,
58                                            configurationName: nil,
59                                            at: url, options: nil)
60        } catch {
61            var dict = [String: AnyObject]()
62            dict[NSLocalizedDescriptionKey] =
63                    "Failed to initialize the application's saved data"
64                    as AnyObject?
65            dict[NSLocalizedFailureReasonErrorKey] =
66                                        failureReason as AnyObject?
67
68            dict[NSUnderlyingErrorKey] = error as NSError
69            let wrappedError = NSError(domain: "YOUR_ERROR_DOMAIN",
70                                    code: 9999, userInfo: dict)
71            NSLog("Unresolved error \(wrappedError),
72                \(wrappedError.userInfo)")
73            abort()
74        }
75
76        return coordinator
```

```
77          } ()
78
79          func saveContext () {
80              if managedObjectContext.hasChanges {
81                  do {
82                      try managedObjectContext.save()
83                  } catch {
84                      let nserror = error as NSError
85                      NSLog("Unresolved error \(nserror), \(nserror.userInfo)")
86                      abort()
87                  }
88              }
89          }
90          ...
91      }
```

大多數的程式碼在此不再多談，這裡要談得是 use_sqlite()，dbPath 取得程式安裝的位置，path 取得專案內的 city_list.sqlite 位置，接著判斷是否已經存在，若不存在時，則將專案內的 city_list.sqlite 複製到 dbPath 的位置。

最後在 persistentStoreCoordinator 之中加入 AppDelegate().use_sqlite()，來執行該段程式碼。

接下來要談到複製進入程式內的 sqlite 要怎麼取得呢？

先下載 Core Data Editor，網址如下：

https://github.com/ChristianKienle/Core-Data-Editor

打開 Core Data Editor，File -> New project。

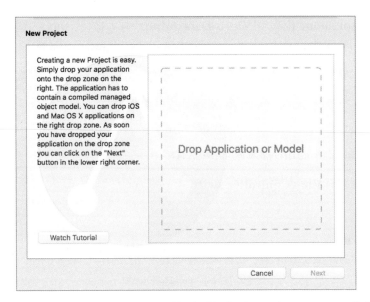

接著在 App 執行後,到模擬器的資料夾中,在 Bundle 位置下找尋 weatherApp。

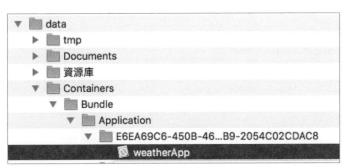

右鍵 -> 顯示套件內容。

將 weatherApp.mom 拖曳到 Core Data Editor 中，按下 Next，再按下 Create New Store，選擇完存檔位置後，選擇 Type: iOS Application 即完成。

接著導入 CSV 檔，這邊要再次換軟體，因為 Core Data Editor 導入 CSV 檔並不方便且容易出錯，所以這裡使用的是 SQLiteStudio，連結如下：

https://sqlitestudio.pl/index.rvt?act=download

完成後，便可以將 sqlite 檔案放進專案中。

Step 9 編輯 FavViewController.swift

範例程式

```
01   import UIKit
02   class FavViewController: UIViewController, UITableViewDelegate,
03                        UITableViewDataSource {
04
05       @IBOutlet var tableView: UITableView!
06       var cityList = CityList().getFavCity()
07
08       override func viewDidLoad() {
09           super.viewDidLoad()
10
11           tableView.delegate = self
12           tableView.dataSource = self
13
14       }
15
16       override func viewWillAppear(_ animated: Bool) {
17           super.viewWillAppear(animated)
18           cityList = CityList().getFavCity()
19           tableView.reloadData()
20       }
21
22       override func didReceiveMemoryWarning() {
23           super.didReceiveMemoryWarning()
24           // Dispose of any resources that can be recreated.
25       }
26
27       override func prepare(for segue: UIStoryboardSegue, sender: Any?) {
```

```
28          if segue.identifier  == "show" {
29              let indexPath = self.tableView.indexPathForSelectedRow
30              let tab = segue.destination as! UITabBarController
31              let city = tab.viewControllers?.first as! ViewController
32              city.cityID = cityList[indexPath!.row].id
33          }
34      }
35
36      //MARK: Back to Fav
37      @IBAction func unwindToFav(segue: UIStoryboardSegue) {
38      }
39
40      //MARK: Table View
41
42      func numberOfSections(in tableView: UITableView) -> Int {
43          return 1
44      }
45
46      func tableView(_ tableView: UITableView,
47                  numberOfRowsInSection section: Int) -> Int {
48          return cityList.count
49      }
50
51      func tableView(_ tableView: UITableView,
52                  cellForRowAt indexPath: IndexPath) -> UITableViewCell {
53          let cell = UITableViewCell()
54
55          cell.textLabel?.text = self.cityList[indexPath.row].name
56
57          return cell
58      }
59
60      func tableView(_ tableView: UITableView,
61                  didSelectRowAt indexPath: IndexPath) {
62          performSegue(withIdentifier: "show", sender: self)
63      }
64
65      func tableView(_ tableView: UITableView,
66                  commit editingStyle: UITableViewCellEditingStyle,
```

```
67                    forRowAt indexPath: IndexPath) {
68          if editingStyle == .delete {
69              CityList().delFavCity(id: cityList[indexPath.row].id)
70              cityList.remove(at: indexPath.row)
71              tableView.deleteRows(at: [indexPath], with: .fade)
72          }
73      }
74  }
```

FavViewController 的程式碼較為一般，將 CoreData 中 fav 為 1 的資料取出，再放進 TableView 中，也可以在此刪除最愛的項目。若點擊此項目，會將該 id 傳送給 Tab Bar Controller，並將該地區天氣顯示在 ViewController 中。

記得在寫完 unwindToFav(segue:) 後，到 Main.storyboard 的 SearchView Controller 將 SearchViewController 連線到 Exit 上，並選擇 unwindToFav，再將此 segue 的 Identifier 設定為 unwindToFav。

Step 10 編輯 SearchViewController.swift

📑 範例程式

```
01  import UIKit
02
03  class SearchViewController: UIViewController, UITableViewDelegate,
04                      UITableViewDataSource, UISearchBarDelegate {
05
06      @IBOutlet var searchBar: UISearchBar!
07      @IBOutlet var tableView: UITableView!
08      var cityList = [City]()
09
10      override func viewDidLoad() {
11          super.viewDidLoad()
12
13          tableView.delegate = self
14          tableView.dataSource = self
15          searchBar.delegate = self
16      }
17
18      override func viewWillAppear(_ animated: Bool) {
19          super.viewWillAppear(animated)
```

```
20        tableView.reloadData()
21      }
22
23      override func didReceiveMemoryWarning() {
24          super.didReceiveMemoryWarning()
25          // Dispose of any resources that can be recreated.
26      }
27
28      //MARK: Table View
29
30      func numberOfSections(in tableView: UITableView) -> Int {
31          return 1
32      }
33
34      func tableView(_ tableView: UITableView,
35                     numberOfRowsInSection section: Int) -> Int {
36          if tableView != self.tableView{
37              return cityList.count
38          }else{
39              return 0
40          }
41      }
42
43      func tableView(_ tableView: UITableView,
44                     cellForRowAt indexPath: IndexPath) -> UITableViewCell {
45          let cell = UITableViewCell()
46
47          if tableView != self.tableView {
48              cell.textLabel?.text = self.cityList[indexPath.row].name
49          }
50
51          return cell
52      }
53
54      func tableView(_ tableView: UITableView,
55                     didSelectRowAt indexPath: IndexPath) {
56          CityList().addFavCity(id: cityList[indexPath.row].id)
57          self.performSegue(withIdentifier: "unwindToFav", sender: self)
58      }
```

```
59
60      func searchBar(_ searchBar: UISearchBar,
61                  textDidChange searchText: String) {
62
63          cityList = CityList().getFilteredCity(name: searchText)
64          self.tableView.reloadData()
65      }
66
67      func searchBarCancelButtonClicked(_ searchBar: UISearchBar) {
68          self.performSegue(withIdentifier: "unwindToFav", sender: self)
69      }
70  }
```

tableView(_:didSelectRowAt:) 選取項目後，將資料庫中的 fav 改為 true，並回到 FavViewController。

searchBar(_:textDidChange:) 中，每輸入一個字，就會重新讀取資料來縮減範圍。

searchBarCancelButtonClicked(_:) 中是按下「Cancel」後觸發的事件，在此也是跳轉回 FavViewController。

完成後，執行 App 的畫面如下：

iOS App 開發實務

作　　者：蔡明志
企劃編輯：蔡彤孟
文字編輯：江雅鈴
設計裝幀：張寶莉
發 行 人：廖文良

發 行 所：碁峰資訊股份有限公司
地　　址：台北市南港區三重路 66 號 7 樓之 6
電　　話：(02)2788-2408
傳　　真：(02)8192-4433
網　　站：www.gotop.com.tw
書　　號：ACL051600
版　　次：2017 年 11 月初版
建議售價：NT$450

國家圖書館出版品預行編目資料

iOS App 開發實務 / 蔡明志著. -- 初版. -- 臺北市：碁峰資訊，
　2017.11
　　面；　公分
　ISBN 978-986-476-672-7(平裝)
　1.系統程式　2.電腦程式設計　3.行動資訊
312.52　　　　　　　　　　　　　　　　　106022189

讀者服務

● 感謝您購買碁峰圖書，如果您
　對本書的內容或表達上有不清
　楚的地方或其他建議，請至碁
　峰網站：「聯絡我們」\「圖書問
　題」留下您所購買之書籍及問
　題。(請註明購買書籍之書號及
　書名，以及問題頁數，以便能
　儘快為您處理)
　http://www.gotop.com.tw

● 售後服務僅限書籍本身內容，
　若是軟、硬體問題，請您直接
　與軟體廠商聯絡。

● 若於購買書籍後發現有破損、
　缺頁、裝訂錯誤之問題，請直
　接將書寄回更換，並註明您的
　姓名、連絡電話及地址，將有
　專人與您連絡補寄商品。

● 歡迎至碁峰購物網
　http://shopping.gotop.com.tw
　選購所需產品。